目 录

Contents

前　言
Foreword

静下心来，飞针走线，一件特制的布艺礼品新鲜出炉，于无声中传达“我爱你”的信息。别样的针法，雅致的礼物，定能获得亲朋好友们的惊喜和尖叫，成为新家中永久珍藏的纪念品。无论时光如何变迁，这份发自内心的礼品永远是我们至深情谊的见证。翻阅本书，您会找到各种设计独特、唯美雅致的田园风格礼品，适合在各种场合下表达爱意、友情和感谢。

本书中展示了多款适合馈赠的布艺作品，制作难度深浅不一。不论是手工缝纫的“菜鸟级”入门者，还是颇具经验的“高手级”爱好者，都能从中得到启示，增强手作的信心，激发创意的火花，体验惬意手作的乐趣，感受生活中简单事物所带来的美丽。原来，发自内心的给予和付出本身也是一种幸福呢！

当今，生活节奏日益加快，能抽出时间进行布艺创作已变成了一种奢侈。本书中展示的作品适用范围广，既有最后一刻灵机一动“闪电”制作的请帖，也有一些精心酝酿、做工考究的礼品。辛苦工作了一天，晚饭之后，拿出针线，针随心动，于悠闲中缝出您的无限情意。当然，书中也汇集了一些需一周才能完成的作品，虽然耗费时日和精力，但完工后，这些作品定能成为人见人

布艺样的家

25款最贴心的居家布艺礼物

25款贴心又美丽的布艺作品，缔造感恩致谢、传递情谊的纽带

（英）巴瑞·苏·高德特 著
贺爱平 罗路遥 译

河南科学技术出版社
·郑州·

First published in 2009

著作权合同登记号：图字16—2010—146

图书在版编目（CIP）数据

布艺样的家·25款最贴心的居家布艺礼物/(英)高德特著；贺爱平，罗路遥译．—郑州：河南科学技术出版社，2012.1

ISBN 978-7-5349-4314-0

Ⅰ.①2… Ⅱ.①高…②贺…③罗… Ⅲ.①布料-手工艺品-制作 Ⅳ.①TS973.5

中国版本图书馆CIP数据核字（2011）第179679号

出版发行： 河南科学技术出版社

地址：郑州市经五路66号　　邮编：450002

电话：（0371）65737028　　65788613

网址：www.hnstp.cn

策划编辑： 刘　欣

责任编辑： 梁莹莹

责任校对： 李淑华

封面设计： 张　伟

责任印制： 张艳芳

印　　刷： 北京盛通印刷股份有限公司

经　　销： 全国新华书店

幅面尺寸： 210 mm × 275 mm　**印张：** 7.5　**字数：** 200千字

版　　次： 2012年1月第1版　2012年1月第1次印刷

定　　价： 36.00元

爱、代代相传的手工艺品。另外，细心的话，您会在书中发现一些有关缝纫、刺绣、礼物设计的小贴士，还有打造个性化礼品的小窍门，比如饰以几片颜色娇媚的烘焙花朵，或是附上一张情真意深的便条。

一旦拿起了针线，开始逐步深入实践这些作品，您会发现技艺不断提高，信心加倍递增。这些惊喜将会激发您的创作灵感，延续您的手作热情。穿针引线，需要一份细心和耐心，却能带来十份宁静和闲适。自己动手制作礼物，送出的是一份关心和贴心，却能留下无限乐趣和成就感。

创作这些布艺作品时，我心中洋溢着无限快乐。现在，作为礼物呈现给大家，我期待着快乐的传递：你来，我来，大家来，一起感受指尖的舞蹈，送出温馨的祝福！

百变针线，精彩无限！

生日礼物
Birthday

每到生日，人人都希望以一种独特、令人难忘的方式来庆祝这一特殊的日子。本章所展示的生日礼物漂亮怡人，散发着布艺特有的浪漫和温馨，令人百看不厌，倾心陶醉。

餐桌上摆满了美味佳肴，这么多笑脸当中，谁才是我们的生日“公主”或“王子”呢？很简单，看看谁面前摆着纸杯蛋糕垫啊！有了这款量身打造、主题鲜明的生日蛋糕垫，今日的主角可是赚足了面子。垫子上贴布绣有多只蜡烛，色彩明快，令人食欲大增，那就多享用些甜点吧！

精心挑选的礼物，配上淡雅的礼物签或是放进礼物袋内，这份发自内心的祝福才是最好的馈赠：礼物签制作简单却意义非凡，系在生日礼品上，诉说着送礼人的一片真情；生日礼物袋色彩缤纷，外观喜人，也很实用，可装入各式零食和甜点与大家分享，一帮好友谈天说地，共享美食，生日原来可以如此美好。

如此喜庆的场合，怎么能少了一串渲染气氛的生日挂饰呢？那就做一款生日主题的迎客花环吧！美食诱人，浓酒醉人，礼物贴心，环境可心，真情回荡在你我内心，开始我们的狂欢派对吧！

礼物签
Gift Tag

如此讨人喜欢的礼物签，不管配上什么礼物，都能体现出你的那份真心祝愿。还有呢，它制作起来非常简便，只需占用短短的两个半小时。小投入，大回报，心动了吗？

所需材料

•浅色羊毛不织布：
12.7cm × 10.2cm
•棕色羊毛不织布：
15.2cm × 10.2cm
•浅棕色羊毛不织布：
5.1cm × 7.6cm
•白色羊毛不织布：
5.1cm × 7.6cm
•绿色羊毛不织布：
5.1cm × 2.5cm
•黄色羊毛不织布：
2.5cm × 2.5cm
•冷冻纸：
20.3cm × 20.3cm
•丝带：
20cm × 0.6cm
•绣花线
•胶水或双面黏合衬
•直径0.6cm的打孔器

成品尺寸：
12.7cm × 8.9cm
图样见114页

》制作说明

1 参看114页的图样，在冷冻纸上描出礼物签的造型，取熨斗热烫到浅色不织布上。沿轮廓线裁下。

2 将蛋糕盒、糖霜、蜡烛和火焰等造型描绘到冷冻纸上。取熨斗热烫到各片不织布上：蛋糕盒用浅棕色布，糖霜用白色布，火焰用黄色布，蜡烛用绿色布，或者自己搭配颜色。裁下这些贴布造型。依据图样，或是参看上图中的作品，用水消笔在各片贴布上描出刺绣的线条。对自己有信心的话，可不用描线直接在贴布上刺绣。参看图示，将各片贴布粘到浅色底布的相应位置上。

3 使用与贴布颜色一致的单股绣花线，锁缝各个贴布边。

4 用湿海绵轻轻压在贴布的笔迹上，吸去墨迹，晾干。

5 用打孔器在底布的波浪边内侧打出11个间距均匀的圆孔。暂时不打左上角的圆孔。

6 将装饰好的底布粘贴到棕色羊毛不织布（15.2cm×10.2cm）上。穿透两层布，在左上角打孔，用于悬挂丝带。取单股的绣花线，将底布的布边锁缝到下层棕色布上。修剪下层棕色的布边，使其比上层的浅色布边多出0.6cm，为礼物签打造出双色边条。

7 丝带对折，穿过礼物签左上角的圆孔。

纸杯蛋糕垫

缝制这款生日蜡烛图案的纸杯蛋糕垫时，选用了色彩各异的纯色羊毛不织布。想要打造别样效果的话，可选用各色印花布。这款作品色彩喜庆，主题鲜明，还在纠结着为心中的他（她）送什么礼物的话，就选它吧！不过，制作起来需花费一天时间，记着提前动手啊！

》刺绣

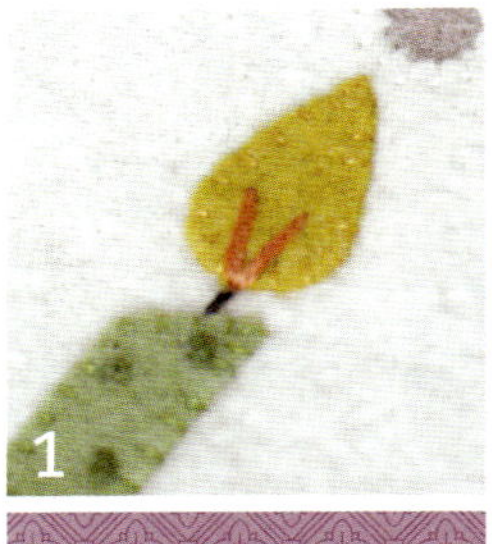

- 取3股橙色绣花线，回针法绣出蜡烛的内层火焰，见图1。
- 取比蜡烛颜色略深的3股绣花线，法式结针法在蜡烛上绣出一些圆点，见图1。
- 取2股黑色绣花线，回针法绣出蜡烛芯，见图1。
- 采用3股黄色、绿色、蓝色、粉红色绣花线，回针法为糖霜绣出一些彩色糖花，见图2。
- 取3股浅棕色绣花线，回针法在蛋糕盒上绣出多条竖线，见图2。

生日礼物袋
Birthday Bag

生日礼物袋中心的彩色蜡烛火焰随风摇曳，内层边条为色彩缤纷的小方块拼布，外层的白边条简洁大方，各色法式结零落点缀，犹如梦幻般的花瓣雨。这么别出心裁的设计人人喜欢。需一天的时间制作这款作品，完工后，别忘了放些生日糖果哟。

所需材料

- 米色布：22.9cm×22.9cm
- 取自6种花色的14小块碎布：3.2cm×3.2cm
- 2块里布：14.6cm×12.7cm
- 2片中厚的黏合衬：13.3cm×11.5cm
- 粉红色、绿色、蓝色和黄色的羊毛不织布：7.6cm×7.6cm
- 2粒直径为1.3cm的纽扣
- 多条色调不同的丝带：长为30.5～61cm
- 绣花线

成品尺寸：

13.3cm×10.8cm

图样见116页

》制作说明

1 裁下1片7cm×5.1cm的米色布，作为袋子的中心。

2 制作袋子的内层边条时，需使用14块碎布。取4块碎布错开花色搭配，两两拼缝，形成2条拼布带。分别摆放到米色布的两侧，取针线缝合，分开缝份后熨平。交错搭配花色，将剩余的10块碎布拼缝成2条等长的拼布带，拼缝到米色布的顶边和底边上。分开缝份后熨平。

3 制作外层边条时，先裁下2片3.2cm×10.8cm的米色布，与袋子的左、右侧拼布边条分别缝合。再裁下2片3.2cm×12.8cm的米色布，分别缝合到顶边和底边上，分开缝份后熨平，作为前片袋体的表布。

4 裁剪1片黏合衬，使其比前片袋体布略小0.6cm，居中摆放到该布的背面，取熨斗热烫黏合。有了黏合衬的加固，袋子既挺括又耐用。

5 依据蜡烛的图样，从各片羊毛不织布上裁下各个图案造型，用珠针固定到袋体中心的米色布上。参看上图，取蓝色的水消笔在各片贴布上标记出刺绣的线条和圆点。

》小贴士

这种生日礼物袋的设计没有什么定式，各种有趣的图案都能使用，制作起来非常好玩。我们鼓励你自己动脑，抛开这里的设计方式，自己动手做出各种好玩、好看的礼物袋来。

》刺绣

1

2

- 用2股黑色绣花线回针法绣出各个蜡烛芯，见图1。
- 用3股橙色绣花线回针法绣出蜡烛的内层火焰，见图1。
- 用比蜡烛颜色略深的3股绣花线，法式结针法在蜡烛上绣出一些圆点，见图1。
- 采用3股绿色、紫色、黄色、粉红色和蓝色绣花线，法式结针法在外层边条上绣出一些小圆点，见图2。

6 采用和贴布颜色一致的单股绣花线，仔细锁缝各个贴布边。

7 参看11页的刺绣说明，绣出各条装饰线和圆点。

8 用湿海绵轻轻压在贴布的笔迹上，吸去墨迹，晾干。

9 裁下一片14.6cm×12.7cm的米色布，作为后片袋体的表布。裁剪另一片黏合衬，使其比该布略小0.6cm，居中摆放到该布的背面，取熨斗热烫黏合。

10 前、后片袋体布正面相对叠压，沿着两条侧边和底边缝合两块布。修剪布边，斜剪布角，将袋体翻到正面，熨平缝边，作为外层袋体。

11 两片里布正面相对叠压，沿着两条侧边和底边缝合两块布，底边上留出长7.6cm的返口。修剪布边，斜剪布角，先不翻到正面。

12 将外层袋体放到里布袋内，两层袋子的正面相对，整平袋子的内部，使内、外层的侧边紧贴在一起。顶边向下0.6cm缝合两层袋体，侧边向内剪一个0.3cm的开口，把手伸入袋底，从底边返口处将里布翻到正面。将里布的底边拉到袋口，取针线锁缝或用缝纫机缝合返口。将里布塞进袋内，熨平顶边。

13 选取自己喜欢的彩色丝带，裁2条，长30.5cm，用于制作提手。丝带的一端缝到前片袋体的左上角，另一端缝到后片袋顶的对角位置。提手末端的缝线上各缝一粒纽扣，盖住下方的缝线，礼物袋制作完成。

提手

•斜跨前、后袋体的提手：裁一段长23～30.5cm的丝带（可依据袋子的尺寸做相应调整），丝带的两端疏缝到前、后片袋顶的对角位置，距相应侧边约2.5cm，各缝一粒纽扣盖住提手上的缝线。

•前、后袋体各一条提手：裁下两条花色不同的丝带，长23～30.5cm。取一条丝带，疏缝到前片袋顶的两侧，各缝一粒纽扣盖住提手上的缝线。同理，将另一条丝带缝到后片袋体上。

•在顶部打结的侧边提手：随个人喜好，每个侧边上可选取多种颜色的丝带，裁下多条，每条长38cm。各条丝带对齐后摆在一起，将丝带的两端分别疏缝到袋子的侧边上，再分别装饰一粒纽扣。

略加改动，为礼物袋来个魔术大变身吧：尺寸不变，不妨交换一下它的长宽。还可以将3支蜡烛换成单支大蜡烛呢！追求实用性的话，可参看116页的图样，为它多加几支蜡烛，做成一款尺寸略大的袋子。上述每款袋子的制作大概需要一天时间。

迎客花环

Birthday Garland

我们是浪漫的波浪边、别致的贴布、精致的绣花图案，很高兴在此联手，欢迎各位宾朋光临今天的生日聚会。制作这款花环时，可多设计几张布艺卡片，混搭各种喜庆、有趣的贴布图案，为生日公主或王子打造出惊艳的色彩派对。每张布艺卡片的制作需两个小时。

所需材料

•多块米色布（制作布艺卡片）：22.9cm×12.7cm

•每张卡片需两条浅粉色、黄色、蓝色或绿色布带：18.4cm×3.2cm

•每张卡片需两条浅粉色、黄色、蓝色或绿色布带：14cm×3.2cm

•每张卡片的底布：22.9cm×14cm

•气球：3片7.6cm×7.6cm彩色布

•心形：两片12.2cm×10.2cm粉红色布

•纸杯蛋糕：10.2cm×7.6cm的棕褐色、白色、黄色、橙色布，蜡烛用的彩色布

•花朵：10.2cm×10.2cm的绿色、黄色和另两种颜色布

•多张黏合衬：22.3cm×12cm

•双面黏合纸

•多条装饰卡片的荷叶边织带：76.2cm×1.3cm

•每张卡片需两条丝带：6.4cm×0.6cm

•绣花线

成品尺寸：22.9cm×14cm

图样见108和109页

》制作说明

1 裁下一块10.2cm×18.4cm的米色布，做布艺卡片的中心。

2 制作布艺卡片的边条时，将两条18.4cm×3.2cm的彩色布带缝到米色布的左右两侧，分开缝份后熨平。将两条14cm×3.2cm的彩色布带缝到米色布的顶边和底边上，分开缝份后熨平。

3 黏合衬居中摆放到布艺卡片的背面，裁剪四边，使黏合衬外露出0.4cm的布边。有了黏合衬的加固，下层的布在绣花时不会被拉伸变形。

4 参看17页的刺绣说明，在布艺卡片的边条上绣出波浪线。

5 参看108和109页的图样，选择自己喜欢的造型，从相应颜色的彩色布上裁出一片趣味贴布。贴布的背面热烫上黏合纸，取熨斗热烫到布艺卡片的中心。取单股绣花线，锁缝贴布边。

6 依据17页的刺绣说明，用水消笔在贴布上描出刺绣的线条。

7 参看109页图样上的裁剪轮廓线，将布艺卡片的四角剪成平滑的圆角。刚开始可能需要严格对照着轮廓线剪裁，熟悉之后，可凭借手感细心剪出圆角。

8 用湿海绵轻轻压在贴布的笔迹上，吸去墨迹，晾干。

9 取荷叶边织带，用珠针固定或疏缝到布艺卡片正面的边缘。织带的两端可下折0.6cm，盖住毛边。

10 取两条长6.4cm的丝带，从中间对折，依据图样上的标示点缝到布艺卡片的顶边上，做成两条挂绳。

11 底布和卡片的表布正面相对叠压，沿各边缝合两块布，针线应穿过中层的织带和丝带，留出一段返口。斜剪布角，翻到正面，藏针法缝合返口，一张布艺卡片制作完成。

12 选择自己喜欢的贴布造型和颜色协调的布料，剪出多片趣味贴布，多做几张布艺卡片。取一条漂亮的丝带穿过各张布艺卡片，悬挂起来展示。

》小贴士

圣诞节快到了，何不为卡片换上圣诞主题的趣味贴布？多做几张，串成一串，点缀在圣诞树上、系在糖果上或悬挂到大窗户上，营造浓浓的节日气氛！114页有各种圣诞主题的贴布图样，制作时，可依据贴布大小，相应改变卡片中心布和边条的尺寸。

》刺绣

1

2

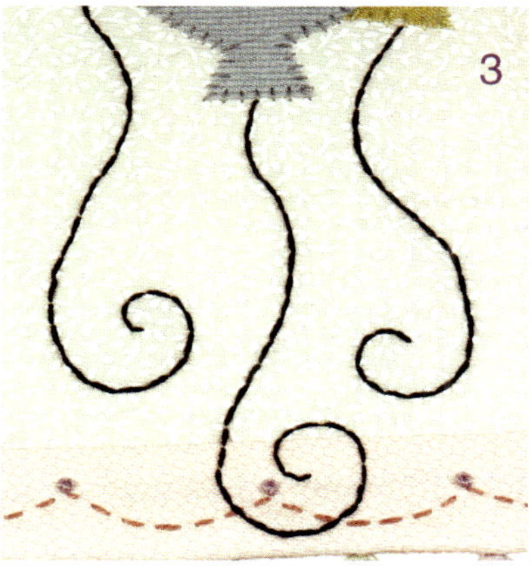
3

4

- 选取和边条颜色对比鲜明的2股绣花线，平针法绣出边条上的波浪线，见图1。
- 选取另一种颜色的3股绣花线，法式结针法为波浪线的凹点绣出小圆点，见图1。
- 取2股浅绿色绣花线，回针法绣出花朵贴布花茎和卷须，见图2。
- 取2股黑色绣花线，回针法绣出气球的系带，见图3。
- 取2股黑色绣花线，回针法绣出蜡烛芯，见图4。
- 取2股浅棕色绣花线，回针法在蛋糕盒上绣出多条竖线，见图5。
- 采用2股粉红色、黄色、蓝色和绿色绣花线，回针法在糖霜上绣出彩色糖花，见图5。

5

致谢礼物

Thank You

语言的力量很大，有时却很小，绞尽脑汁也无法充分表达自己的感激之情。娇艳美丽的鲜花人人喜爱，的确是感恩致谢的好礼物，只可惜花期太短。真挚的感谢需要永不凋零的花朵来代言，那就动手吧！圆圆的Yo-yo玫瑰，具有花朵独有的绚红、亮粉色，贴布裁剪的花叶、精工绣出的卷须，在各款作品上竞相登场，打造出一片绚丽的夏花灿烂。送人玫瑰，手留余香，心中则永远萦绕着那份悠悠谢意。

百宝盒小巧玲珑，简单易做，完工后，可以放入巧克力、手工香皂或者致谢便条，一并送出，表达我们的感激之情。收到这么可爱的礼物，没有人舍得闲置起来，家中顿时多了一款零碎物品的收纳盒。繁花似锦的靠垫更是令人惊叹，娇艳的Yo-yo玫瑰花呈现出心形的花环，道出了送礼人发自内心的感恩和祝福。如果时间充裕的话，可以尝试制作这款玫瑰园拼布被，搭配家中的装饰风格，还能作为典雅华贵的壁挂和桌布呢！挑选拼布块时，可精心搭配一些亲友们喜欢的色调，随你喜欢，还可灵活增减布块的数量，制作出各种尺寸的拼布被，令温馨的布艺元素演绎出人间的无限真情。

百宝盒

Box of Delights

这款百宝盒简单易做，只需几个小时，装入糖果点心，就是非常独特的贴心礼物。设计别致，外观玲珑，实用性等你来开发，作为收纳用的首饰盒或是纽扣盒，简直棒极了。

所需材料

- 浅色布：
  21.6cm×21.6cm
- 深色布：
  21.6cm×21.6cm
- 2块黏合衬：
  21.6cm×21.6cm
- 4块红色小碎花布（A、B、C、D）：
  6.4cm×20.3cm
- 绿色羊毛不织布：
  15.5cm×15.5cm
- 冷冻纸：
  7.6cm×7.6cm
- 丝带：
  102cm×22mm
- 绣花线
- 布艺胶水

成品尺寸：

5.1cm×10.2cm×10.2cm

图样见107页

》制作说明

1 盒子图样描到21.6cm×21.6cm的浅色和深色布上，沿线裁下布料。

2 盒子图样描到两块黏合衬上，沿线裁下。两片黏合衬居中摆放到浅、深色布的背面，取熨斗热烫黏合，用于加固布料。

3 制作Yo-yo玫瑰花时，取4块红色小碎花布，依据玫瑰花图样，共裁下7片圆形布（A布上裁2片，B布上裁2片，C布上裁2片，D布上裁1片）。

4 取1片圆形布，布边向背面下折0.3cm，平针法在折边上手缝一道线以固定折边。拉紧缝线，布的中心向四周形成多条放射状的褶皱纹，在缝线的末端打结。然后，用手轻轻捋顺各条褶皱纹，形成一朵Yo-yo玫瑰花。同样方法把其余6片圆形布制作成玫瑰花。

5 叶片图样描到冷冻纸上，从绿色羊毛不织布上裁下14片花叶。

6 取3朵玫瑰花（1片为D布）和6片花叶，参看图样上的具体位置，用胶水粘到浅色布的中心，或用珠针临时固定。取与各片布颜色一致的单股绣花线，锁缝玫瑰、花叶的布边，使其位于盒底的中心。

7 参看23页玫瑰花环靠垫的刺绣说明，在各朵玫瑰的旁边描绘卷须并绣出。手法娴熟的话，可不用水消笔描线，直接刺绣出弯弯的卷须即可。

8 用湿海绵压在笔迹上，消除描摹的线条，晾干。

9 深色布和装饰好的浅色布正面相对叠压，缝合各边，留一返口。修剪缝边，斜剪布角（参看图样所示位置），将布料翻到正面，熨平布料，藏针法缝合返口。

10 将剩余的花叶和玫瑰粘到深色布上的盒子侧面。晾干。

11 依据图样的折线折叠布边，呈现出盒子的4个侧面。取与深色布颜色一致的缝线，折进缝份，锁缝盒子的4条竖边，整平盒子的底角，形成内外双色的盒子。

12 丝带裁剪成4段，长度均为25.4cm。取大号缝针，在盒子的每个顶角缝一段丝带。丝带系成漂亮的蝴蝶结，盒子制作完毕。

玫瑰花环靠垫

Rose Cushion

这款靠垫温馨别致，双层边条色彩缤纷，Yo-yo玫瑰花造型别致，凸显出浪漫的心形花环。这么别致的馈赠礼物，足以体现出送礼人的心意。制作大概需要一天时间，不妨慢慢品味手作的无限乐趣。

所需材料

- 中心所用的黄色或金色布：19.1cm×19.1cm
- 内层边条所用的黑色大图案印花布：5.1cm×112cm
- 外层边条所用的深色印花布：15.2cm×112cm
- 4块制作玫瑰用的红色布：5cm×30.5cm
- 绿色羊毛不织布：15.2cm×15.2cm
- 冷冻纸：7.6cm×7.6cm
- 薄铺棉：35.6cm×35.6cm
- 底布：35.6cm×35.6cm
- 填充棉
- 绣花线

成品尺寸：

30.5cm×30.5cm

图样见106页

》制作说明

1 制作内层边条时，从黑色大图案印花布上裁下两条3.2cm×19.1cm的布带，作为左、右侧边，再裁下两条3.2cm×22.9cm的布带，作为顶边和底边。两条侧边缝到黄色布的两侧，分开缝份并熨平。另两条布带缝到黄色布的顶边和底边上，分开缝份并熨平。

2 制作外层边条时，从深色印花布上裁下两条6.4cm×22.9cm的布带，作为左、右侧边，再裁下两条6.4cm×33cm的布带，作为顶边和底边。两条侧边缝到内层边条的两侧，分开缝份并熨平。另两条布带缝到顶边和底边上，分开缝份并熨平，此布即为前片靠垫。

3 制作Yo-yo玫瑰花时，取4块红色布，依据玫瑰花图样，共裁下22片圆形布。取1片圆形布，布边向背面下折0.3cm，平针法在折边上手缝一道线。拉紧缝线，布的中心向四周形成多条放射状的褶皱纹，在缝线的末端打结。然后，用手轻轻捋顺各条褶皱纹，形成一朵玫瑰花。同法用其余的圆形布制作成21朵玫瑰花。

4 叶片图样描到冷冻纸上，从绿色羊毛不织布上裁下32片花叶。

5 取18朵玫瑰花和24片花叶，参看图样，搭配玫瑰花的颜色，在黄色布的中心摆放成心形花环，用珠针固定好。注意，花叶应摆放在玫瑰花的下层，与花朵边略微重叠。取珠针，在内层边条的四角分别固定1朵玫瑰花和2片花叶。

6 参看图样的具体位置，将卷须描到花叶旁边。

7 取珠针，将薄铺棉固定到前片靠垫的背面，取针线疏缝固定，也可用喷胶黏合。有了这层铺棉，手缝线会呈现出上下起伏的立体绗缝效果。取与贴布颜色一致的单股绣花线，锁缝玫瑰花和花叶的布边。修剪铺棉的四边。

8 依据右侧的刺绣说明，在花叶的旁边绣出卷须。用湿海绵压在笔迹上，消除描摹的线条。晾干。

9 底布和装饰好的前片靠垫正面相对叠压，针线刺穿夹层的铺棉，缝合各边，留一返口。修剪缝边，斜剪布角，将布料翻到正面，塞入填充棉，使靠垫蓬松柔软。藏针法缝合返口。

》刺绣

· 取3股绿色绣花线，回针法在玫瑰花叶边绣出卷须，见图1。

玫瑰园拼布被

Rose Quilt

排列有序的碎花拼布、娇艳欲滴的Yo-yo玫瑰、温馨闲适的格子边条，共同打造出一款别有情趣的馈赠礼被，浓缩了送礼人的赤诚真心和万般谢意。制作这款作品需留出两到四天的时间，拼布块的数量可自由增减，花色搭配也可灵活变动。

所需材料

- 3块花色不同的浅色布（用作拼布块中心和被角）：27.9cm×112cm
- 8块两种图案的绿色印花布：5cm×12.7cm
- 8块两种图案的红色印花布：5cm×12.7cm
- 10块3种图案的黑色印花布：5.1cm×12.7cm
- 3或4块红色小碎花布（制作Yo-yo玫瑰花）：6.4cm×61cm
- 绿色羊毛不织布：30.5cm×30.5cm
- 冷冻纸：12.7cm×12.7cm
- 薄铺棉：55.9cm×55.9cm
- 底布：55.9cm×55.9cm
- 黑色方格布（用作滚边条）：22.1cm×112cm
- 绣花线

成品尺寸：
50.8cm×50.8cm
图样见106页

》制作说明

1 取各块浅色布，计算被子四边和被角所需三角形拼布块的数量和尺寸。需预留3块边长为21.6cm的正方形布，还需2块边长为14cm的正方形布。

2 从这些浅色布上裁下13块5.1cm×12.7cm的长方形布块，作为各个拼布块的中心布。

3 取8块绿色印花布，依照图案分成4组，分别缝到4块中心布的两侧，同样的方法，将8块红色印花布对称地拼缝到4块中心布的两侧。将10块黑色印花布对称地拼缝到5块中心布的两侧。共形成13片拼布块，分开各片缝份并熨平。

4 依据图样中的拼布块搭配，并参看上面的图示，将13片拼布块搭配组合在一起，缝合，形成最佳的展示效果。

5 裁剪被子四边内嵌的三角形布时，可从浅色布上裁下2块边长为21.6cm的正方形布。两块布沿两条对角线折叠两次并裁剪，共形成8片侧边用的三角形布。被角的三角形布，可从浅色布上裁下2块边长为14cm的正方形布，沿一条对角线折叠裁开，共形成4片被角用的三角形布。

6 参看上页的图示，将8片侧边用的三角形布摆放到拼布的侧边缺口处，缝合后熨平缝份。在各个被角拼缝上三角形布，熨平缝份，形成拼布被面。裁剪各边，做成边长为50cm的正方形拼布被面。

7 制作Yo-yo玫瑰花时，取各块红色小碎花布，依据玫瑰花图样，共裁下25片圆形布。取1片圆形布，布边向背面下折0.3cm，平针法在折边上手缝一道线。拉紧缝线，布的中心向四周形成多条放射状的褶皱纹，在缝线的末端打结。然后，用手轻轻捋顺各条褶皱纹，形成一朵玫瑰花。同法用其余的圆形布制作成24朵玫瑰花。

8 叶片图样描到冷冻纸上，从绿色羊毛不织布上裁下62片花叶。

9 参看图样和27页图示，在每片拼布块的中心布上描出花茎和卷须（也可不用描线，直接刺绣）。取珠针或胶水，将玫瑰花和花叶固定到拼布块的相应位置。取与花朵和花叶颜色一致的单股绣花线，锁缝各条贴布边。取珠针或胶水，在每片三角形布上固定1朵玫瑰花和2片花叶，并描出花茎和卷须（也可不用描线，直接刺绣），取针线锁缝花朵和花叶的布边。

10 取珠针，将铺棉固定在拼布被面的背面，再取针线疏缝，或用胶水固定，有了这层铺棉，手缝线会呈现出上下起伏的立体绗缝效果。

11 依据27页的刺绣说明，绣出花茎和卷须。用湿海绵压在笔迹上，消除描摹的线条。晾干。

12 缝合底布和被面，做成拼布被。喜欢的话，可在被面上绗缝一些图案。参看103页的滚边说明，用黑色格子布为被子滚边。

》刺绣

•取3股绿色绣花线，回针法在玫瑰花下绣出花茎，见图1。
•取3股绿色绣花线，回针法绣出卷须，见图2。

1

2

婚庆贺礼

Wedding

婚礼，多么浪漫的字眼，多么神圣的仪式，激发我们心中无尽的幻想和憧憬。这是新人们一生中最幸福甜蜜、值得回味的时刻，更需要一份独特的祝福。用我们的真心和巧手，打造出一份个性化的礼物，祝福新人们百年好合，婚姻美满！淡雅柔和的色调，晶莹玲珑的珠花，紧紧相依的红心，形影不离的相思鸟，相遇在款款作品上，守护着爱情的永恒，沉淀着我们的祝福。蜷在温馨舒适的新居，看着美丽雅致的礼物，婚礼的圣洁浪漫一定能成为新人们最纯粹的感动和最难忘的记忆。

主背景为粉红色碎花布，翘首相望的对对鸽子憨态可掬，心形贴布零落点缀，原来平淡无奇的拼布桌巾也能演绎出无限温馨，用它来扮靓新居的餐桌，胃口能不好吗？想要送上一份礼物，祈福新人们永存新婚特有的万般浓情的话，心心相印靠垫是首选。别致的边条上飞舞着上下起伏的藤叶、两两交错的红心以及娇小玲珑的米珠，这款爱心藤相框可谓名副其实。轻轻揭开柔滑的丝带，插入新人们甜蜜的生活照或圣洁的婚纱照，时间悄悄流逝，不变的却是照片背后永恒的真情。

心心相印靠垫

Loving Hanging Cushion

这款靠垫简单易做，只需短短两三个小时。圆形的藤叶花环，紧紧相依的红心，整款靠枕渲染出一片浓情蜜意，陈设在新人的卧房内，细细品味新婚的甜蜜和浪漫。如果在两颗红心上绣出新人的名字，岂不是更有创意！

所需材料

- 蓝色布（用作靠垫中心）：
  11.4cm × 11.4cm
- 灰白色布（用作靠垫边条）：
  11.4cm × 109.2cm
- 灰白色布（用作靠垫后片）：
  17.8cm × 17.8cm
- 粉红色羊毛不织布：
  12.7cm × 12.7cm
- 冷冻纸：
  7.6cm × 7.6cm
- 薄铺棉：
  17.8cm × 17.8cm
- 灰白色丝带：
  0.6cm × 30.5cm
- 白色和粉红色米珠
- 填充棉
- 绣花线

成品尺寸：

15.2cm × 15.2cm

图样见113页

》制作说明

1 为靠垫的蓝色布添加边条时，裁下2片3.8cm × 11.4cm的灰白色布，拼缝到蓝色布的左右侧边上，分开缝份并熨平。再裁下2片3.8cm × 16.5cm的灰白色布，拼缝到顶边和底边上，分开缝份并熨平。

2 心形图样描到冷冻纸上，从粉红色羊毛不织布上裁下2片心形。依据图样中的具体位置，并参看上图，2片心形用珠针固定到靠垫中心的蓝色布上，或用胶水固定。取粉红色的单股绣花线，锁缝心形贴布的布边。

3 用珠针将铺棉固定到前片靠垫的背面，再疏缝，或用胶水固定，有了这层铺棉，手缝线会呈现出上下起伏的立体绗缝效果。

4 使用冷冻纸，将图样上的藤条和藤叶描到靠垫的正面。参看右侧的刺绣说明，绣出藤条和藤叶。用湿海绵压在笔迹上，消除描摹的线条。晾干。

5 取单股白色绣花线，参看图样和30页的图示，将白色米珠缝到藤条的相应位置上。取单股粉红色绣花线，参看图样和右侧的图示，沿着心形贴布的布边，缝一些粉红色米珠装饰。

6 依据图样上的具体位置，将丝带用珠针固定到靠垫面上，也可疏缝固定。

7 灰白色的后片和装饰好的前片正面相对叠压，缝合各边，并留一返口。斜剪布角，将布料翻到正面，塞入填充棉，使靠垫柔软蓬松。藏针法缝合返口。

》刺绣

1

•取2股绿色绣花线，回针法绣出藤条，见图1。
•取2股绿色绣花线，雏菊绣针法绣出藤叶，见图1。

爱心藤相框

Forever Frame

绿色的藤叶绕着粉红色的小碎花边条上下起伏，对对红心紧紧相依在藤叶上，相框的四角还设计了丝带四向环抱，如此温馨雅致，如此娇柔浪漫，最适合送给步入婚礼殿堂的新人，提醒他们用照片定格住最甜蜜的瞬间。这款相框耗时大约一两天。

所需材料

- 大图案的印花布（用作相框中心）：12.7cm × 17.8cm
- 小碎花印花布（用作相框第二层边条）：11.4cm × 20cm
- 浅粉色布：11.4cm × 112cm
- 灰白色丝带：30.5cm × 0.6cm
- 粉红色羊毛不织布：15.2cm × 15.2cm
- 冷冻纸：7.6cm × 7.6cm
- 薄铺棉：25.4cm × 35.6cm
- 多粒白色米珠
- 相框：20.3cm × 25.4cm
- 绣花线
- 胶带

成品尺寸：

20.3cm × 25.4cm

图样见111页

》制作说明

1 取12.7cm × 17.8cm的大图案印花布，用作相框中心布。将丝带裁成等长的4段，参看图样中的具体位置，疏缝固定（或用胶水粘贴）到印花布的四角。注意，丝带应跨过印花布的布边，两端固定在印花布的背面。

2制作相框的内层边条时，从浅粉色布上裁下2条17.8cm × 2.5cm的布带，缝到中心布的左右两侧，分开缝份并熨平。裁下2条

》小贴士

实际制作中，我发现相框内镂空的实际尺寸比所标尺寸略小1.3cm。所以，成品尺寸为20.3cm × 25.4cm的相框实际所需的镂空框应为11.4cm × 24.1cm。如需制作一款更大或略小的相框，可相应增加或减小边条所用布料的尺寸。

15.2cm×2.5cm的浅粉色布带，缝到中心布的顶边和底边上，分开缝份并熨平。

3 制作第二层边条时，从小碎花印花布上裁下2条1.9cm×20.3cm的布带，缝到内层边条的左右两侧，分开缝份并熨平。再裁下2条1.9cm×16.5cm的布带，缝到顶边和底边上，分开缝份并熨平。

4 制作外层边条时，从浅粉色布上裁下2条6.4cm×21.6cm的布带，缝到第二层边条的左右两侧，分开缝份并熨平。再裁下2条6.4cm×26.7cm的布带，缝到顶边和底边上，分开缝份并熨平。这样，拼布布块的大小可以包裹住所购相框的各边。

5 从粉红色羊毛不织布上裁下8片心形，参看图样和图示摆放到拼布相框的相应位置，锁缝各条贴布边。

6 参看图样，描出藤条的线条，作为刺绣的指示线。当然，绣工较好的话，可不用描线直接刺绣。

7 取珠针，将铺棉固定到拼布布块的背面，再疏缝固定，也可用胶水固定，有了这层铺棉，手缝线会呈现出上下起伏的立体绗缝效果。

8 参看35页的刺绣说明，绣出藤条和藤叶。用湿海绵压在笔迹上，消除描摹的线条。晾干。

9 参看图样中的位置和作品图示，每3粒米珠组合摆放到藤叶旁边，取单股白色绣花线缝合固定，作为藤条上的小白花。

10 取出相框内嵌的玻璃板，拼布布块居中摆放到玻璃板上，抚平布料，使布面紧贴在玻璃上，用胶带粘牢布边。将装饰好的玻璃板放回到相框内，固定好背板（若相框无自带的背板，可用硬卡纸裁剪制作）。取一张照片或者结婚请帖，插入相框内的丝带下，爱心藤相框制作完成。

》刺绣

•取2股绿色绣花线，回针法绣出藤条。
•取2股绿色绣花线，雏菊绣针法绣出藤叶。

相思鸟桌巾

Table Runner

这里有娇柔的粉红色、温馨的小碎花、可爱的鸽子、相依的红心、浪漫的波浪边……柔和淡雅的桌巾静静地在躺在婚房的餐桌上，为新人们打造出一派梦幻般的浪漫。这款桌巾的制作需要大量拼布、贴布和刺绣手工，想要为新人送上一份完美礼物的话，那就提前一周动手，精工才能出细活。

所需材料

- 3块粉红色布（用作餐巾中心）：23cm×112cm
- 粉红色印花布（用作中心布外的拼布块）：11.4cm×112cm
- 粉红色或白色印花布（用作中心布外的拼布边）：11.4cm×112cm
- 灰白色布（用作饰带和内、外层边条）：46cm×112cm
- 粉红色素布（用作第二层边条）：11.4cm×112cm
- 白色羊毛不织布：25.5cm×25.5cm
- 黄色羊毛不织布：5cm×5cm
- 粉红色羊毛不织布：25.5cm×25.5cm
- 冷冻纸：25.5cm×25.5cm
- 薄铺棉：43.2cm×109.2cm
- 底布：43.2cm×109.2cm
- 粉红色布（用作滚边条）：2cm×109.2cm
- 多粒白色米珠
- 切割垫、轮刀
- 绣花线

成品尺寸：

35.6cm×101.5cm

图样见112和113页

》制作说明

1 从3块粉红色布上裁下5片边长为11.4cm的正方形布，从粉红色（或白色）印花布上裁下10片3.2cm×11.4cm的长方形布。每两片长方形布拼缝到粉红色正方形布的两侧，分开缝份并熨平，形成5块拼布。

2 从粉红色（或白色）印花布上裁下1条11.4cm×43.1cm的宽布带，从粉红色印花布上裁下2条3.2cm×43.1cm的窄布带。两条窄布带摆放到宽布带的两侧，沿43.1cm的长边对齐3块布，取针线缝合，形成拼布带，分开缝份并熨平。拼布带横放在切割垫上，用轮刀裁下10条宽3.2cm的布带。布带分别缝到5块拼布的顶边和底边上，分开缝份并熨平，形成5片边长为16.5cm的正方形拼布。

3 制作拼布间的饰带时，需裁下4条16.5cm×3.2cm的灰白色布带。每两片正方形拼布间放置一条灰白色饰带，各布沿着16.5cm的布边平铺摆齐，缝合各布，形成餐巾的中心布。

4 制作内层边条时，需裁下2条3.2cm×85.1cm的灰白色布带，缝到中心布的顶边和底边上，分开缝份并熨平。再裁下2条3.2cm×20.3cm的灰白色布带，缝到左右侧，分开缝份并熨平。

5 制作第二层边条时，需裁下2条2.5cm×87.5cm的粉红色布带，缝到内层边条的顶边和底边上，分开缝份并熨平。再裁下2条2.5cm×22.5cm的粉红色布带，缝到内层边条的左右侧，分开缝份并熨平。

6制作第三层边条时，需裁下2条10.2cm×91.4cm的灰白色布带，缝到第二层边条的顶边和底边上，分开缝份并熨平。再裁下2条10.2cm×40.6cm的灰白色布带，缝到左右侧，分开缝份并熨平。这块长方形的拼布即为桌巾主体。

7将图样中的鸽子、鸟喙、翅膀和大、小心形描到冷冻纸上，参看作品图示中的颜色搭配，从各色不织布上裁下各个造型的贴布。

8参看图样，将各片贴布用胶水粘贴（或用珠针固定）到桌巾上。取与贴布颜色一致的单股绣花线，锁缝各条贴布边。

9用水消笔在桌巾上描出刺绣线。

10用珠针将铺棉固定到拼布桌巾的背面，再疏缝固定，也可用胶水固定，有了这层铺棉，手缝线会呈现出上下起伏的立体效果。

11参看39页的刺绣说明，绣出各条装饰线条和造型。用湿海绵压在笔迹上，消除描摹的线条。晾干。

12参看图样中的位置，每3粒米珠组合摆放到藤叶边，取单股白色绣花线缝合固定。

13参看图样，将桌巾的四边裁剪成上下起伏的波浪边。

14桌巾的背面垫上底布，缝合后，用粉红色布滚边（滚边方法可参看103页）。

》刺绣

1

2

•取2股黑色绣花线，法式结针法绣出鸽子的眼睛，见图2。
•取2股绿色绣花线，回针法绣出藤条，见图1。
•取2股绿色绣花线，雏菊绣针法绣出藤叶，见图1。

婴儿礼物

Baby

随着清脆响亮的第一声啼哭，一个独一无二的小生命来到了人间，为年轻的父母带来了莫大的欢喜和希望。宝宝长得很快，小衣服很快就穿不上了，选择婴儿服做礼物好像不太理想，那就为小家伙们送去一份长久的礼物吧。本章所展示的作品采用了柔软暖和的羊毛布，色彩明快、设计贴心、外观喜人，既能为宝宝打造一个如童话般浪漫的婴儿房，实用价值也毫不逊色。年轻妈妈们一定很喜欢这些礼物!

童趣婴儿毯简单易做，想要其他风格的话，可从书后图样中任选喜欢的图案，剪出相应的贴布装饰到毯子上即可。守护神靠垫上有了太阳公公、月亮阿姨和小星星们的造访，放在摇篮内作为小枕头，可以日夜守护着小宝宝。而多功能挂袋色彩缤纷，图案喜人，挂在墙上或门后，不用占据太多空间，就能轻松收纳婴儿房内的各种零碎小物品。

这些布艺礼品色彩斑斓，设计人性化，同时适合男宝宝和女宝宝。不用担心未出生小宝宝的性别，尽早动手吧，赶在小家伙降临的第一刻，为年轻的父母送上一份惊喜和贴心，一起欢庆小生命的到来。

童趣婴儿毯

Cuddly Blanket

对于宝宝尚小的年轻父母们，家中应多准备一些婴儿毯。这款法兰绒抱毯触感柔软暖和、色调淡雅、装饰图案童趣无限，宝宝午睡时可做婴儿床的盖毯，还可包裹着小家伙外出散步。看着那张甜甜的笑脸，就知道躺在里面多惬意舒适了！只点缝一片贴布的话，制作时间仅需三个小时。

所需材料

- 2块同色调或互补色调的法兰绒布：
  91.5cm×91.5cm
- 棕色羊毛不织布：
  20cm×20cm
- 浅棕羊毛不织布：
  7.5cm×7.5cm
- 冷冻纸：
  20cm×20cm
- 绣花线

成品尺寸：

91.5cm×91.5cm

图样见118和119页

》制作说明

1 参看118页的抱毯图样，将两块法兰绒布的四角剪成圆形。

2 将图样上的泰迪熊描到冷冻纸上，取熨斗热烫到相应羊毛不织布上，裁下作为贴布。

3 在泰迪熊贴布上描出刺绣线条（手法娴熟的话，可直接刺绣）。

4 将贴布用胶水粘贴（或用珠针固定）到一块法兰绒布的布角内侧，距离布角约2.5cm。

5 取与贴布颜色一致的绣花线，锁缝贴布边。

6 参看本页下面的刺绣说明，绣出小熊的各部分细节。用湿海绵压在笔迹上，消除描摹的线条。晾干。

7 2片法兰绒布正面相对叠压，缝合各边，并留一返口。4个布角剪牙口，翻到正面，藏针缝合抱毯的返口。

8 用缝纫机沿着毯边内0.6cm处车缝一条明线，固定毯边。

》刺绣

1

- 取3股深棕色绣花线，缎纹绣针法绣出小熊的鼻子，见图1。
- 取3股黑色绣花线，法式结针法绣出小熊的眼睛，见图1。
- 取3股深棕色绣花线，回针法（或平针法）绣出熊爪和小熊身体的中线，见图2。

2

守护神靠垫

Day and Night Cushion

这款靠垫的两面都装饰有主题贴布，一物两用：白天，太阳公公笑盈盈，为婴儿房注入无限明媚和生机；晚上，月亮阿姨宁静祥和，悄悄守候着小宝宝安然入睡，确保小家伙做一个美梦。一份礼物，双份贴心。整体制作需要一天时间。

所需材料

- 2块灰白色布：
  18cm × 21.5cm
- 6条色调各异的布带：
  10cm × 38cm
- 黄色羊毛不织布：
  13cm × 25.5cm
- 粉红色、蓝色和浅黄色羊毛不织布：
  7.5cm × 7.5cm
- 冷冻纸：
  30cm × 30cm
- 2块白底白花布：
  13cm × 10cm
- 黏合纸：
  13cm × 10cm
- 2块薄铺棉：
  20cm × 25.5cm
- 填充棉
- 切割垫、轮刀
- 绣花线

成品尺寸：

19cm × 23cm

图样见118页

》制作说明

1 从各色布带上裁下多条2.5cm宽的窄布带。交错搭配花色，各色窄布带沿着38cm长的布边摆放到一起，缝合。这里，需拼缝出1条宽约18cm的拼布带（大约需要14条窄布带），熨平缝份。

2 拼布带放置到切割垫上，缝份线呈水平方向，竖直裁切下4条2.5cm宽的拼布条。取2块18cm × 21.5cm灰白色布，作为前、后片靠垫的中心布，将4条拼布条拼缝到两块布的左右两侧，分开缝份并熨平。再裁剪4条拼布条，拼缝到顶边和底边上，形成靠垫的彩色边条。

3 将云朵的图样描到黏合纸上，裁下4片云朵，取熨斗热烫粘贴到两块白底白花布上。参看图样或者作品图示，将云朵热烫粘贴到靠垫前、后片上。

4 将月亮和太阳图样描到冷冻纸上，熨烫粘贴到相应颜色的羊毛不织布上，裁下作为贴布。用胶水将太阳、月亮贴布分别粘贴到靠垫前、后片上。

5 在贴布上描出刺绣线条（手法娴熟的话，可直接刺绣）。

6 两片铺棉摆放到靠垫前、后片的背面，疏缝固定，或用胶水黏合，有了这层铺棉，手缝线会呈现出上下起伏的立体效果。

7 取与贴布颜色一致的单股绣花线，将各条贴布边锁缝到靠垫前、后片上。

8 参看左下方的刺绣说明，绣出贴布上的各个细节。用湿海绵压在笔迹上，消除描摹的线条。晾干。

9 靠垫前、后片正面相对叠压，缝合各边，并留一返口。翻到正面，塞入填充棉，使靠垫柔软蓬松。最后藏针法缝合返口。

》刺绣

- 取2股黑色绣花线，回针法绣出太阳和月亮上弯弯的笑容，见图1。
- 取2股黑色绣花线，法式结针法绣出太阳和月亮的眼睛，见图1。
- 取单股黑色绣花线，回针法绣出月亮和星星之间的连接线。取单股黑色绣花线，在连接线的顶端系出一个漂亮的蝴蝶结，并用胶水粘贴固定，见图2。
- 取2股蓝色绣花线，法式结针法在星星的5个顶点上各绣一个小圆点，见图2。

1

2

多功能挂袋

Pocket Carry-All

这款多功能挂袋色彩柔和、外观喜人，可悬挂在家中任意位置，有效利用家居空间，上面有多个大小不一的口袋，可以收纳婴儿房内的零碎物品，既美观又实用。宝宝逐渐长大时，可以作为玩具收纳袋使用。这款作品设计精巧别致，需留出七到十天的制作时间。

所需材料

- 米色布（用作主布、边条、垂带和小口袋）：91.5cm × 112cm
- 黄色、蓝色、紫色、绿色、白色和粉红色布带（用作条纹边条）：10cm × 112cm
- 2块蓝色布（用作弧形口袋的底布）：25.5cm × 18cm
- 浅黄色和黄色羊毛不织布：13cm × 25.5cm
- 白色和棕色羊毛不织布：15.5cm × 15.5cm
- 蓝色和粉红色羊毛不织布：10cm × 10cm
- 黑色、浅棕色和橙色羊毛不织布：5cm × 5cm
- 冷冻纸：61cm
- 印花布各2块（浅绿色、白色、灰白色、粉红色和蓝色调）
- 黏合纸：长25.5cm
- 平纹细布：46cm × 112cm
- 薄铺棉：91.5cm × 111.8cm
- 底布：56cm × 73.6cm
- 布艺衣架
- 绣花线

成品尺寸：

50cm × 75cm（含衣架）

图样见118、119和120页

》制作说明

1 参照以下几个口袋的尺寸，从米色布上裁剪相应大小的布料：

A.18cm × 18cm

B. 6.5cm × 13cm

C. 9cm × 19cm

D. 11.5cm × 14cm

F. 11.5cm × 38cm

E.弧形口袋：参看图样，裁剪出米色贴布。注意，该贴布应比图样的尺寸略大0.6cm，便于贴缝到蓝色底布上时下折毛边。参看图样，多留出0.6cm的缝份，从蓝色布上裁下弧形口袋的底布。这块底布的背面需要垫衬里布，多出的缝份便于下折布边。

2 参看陆地的图样，从双面黏合纸上裁下相应造型，热烫粘贴到绿色印花布上，裁下作为陆地的贴布（黏合纸的使用方法可参看102页）。参看图样中底层口袋（F）的图示，取熨斗，热烫粘贴到F口袋布的底部。注意，贴布和口袋布的左右侧边和底边对齐，其毛边可以隐藏在将要添加的条纹边条下。

3 将弧形口袋E的米色贴布放置到蓝色底布上，取针线缝合，或在贴布背面熨烫上黏合纸。

4 为各个口袋制作边条时，先将布带裁成2.5cm宽的布带。各条布带水平放置，取针线拼缝到一起（为确保有足够的拼布带装饰所有口袋，可多拼缝几条布带），熨平缝份。将拼布水平放置在切割垫上，竖直裁切下多条2.5cm宽的条纹拼布带。取A、B、C、D、F口袋的米色布，将这些拼布带缝到口袋的左右侧边上，分开缝份并熨平。再从拼布上裁切多条2.5cm宽的条纹拼布带，缝到各个米色口袋的顶边和底边上，分开缝份并熨平。

5 参看图样，从印花布上裁下云朵、小方块造型的贴布。黏合纸粘到云朵贴布的背面，熨烫粘贴到A、E口袋上，同样方法，将各小片方块贴布熨烫粘贴到C口袋上。

6 参看图样和47页的作品图示，将其余的贴布造型描到冷冻纸上，熨烫到各色羊毛不织布上后裁下，作为趣味贴布。

7 取水消笔，在各片贴布上描出刺绣线条。

8 米色口袋布的背面用珠针固定上铺棉，取针线疏缝固定，或用胶水固定。有了这层铺棉，手缝线会在贴布上呈现出上下起伏的立体效果。

9 取与贴布颜色一致的单股绣花线，将贴布（包括印花布和羊毛不织布）的布边锁缝到口袋上。

10 参看50页的刺绣说明，绣出贴布上的细节。用湿海绵压在笔迹上，消除描摹的线条。晾干。

11 裁剪与各个口袋大小相当的平纹细布（除弧形口袋E），各片口袋布和平纹细布正面相对叠压，缝合各边，并留一返口。裁剪布边，斜剪布角，从返口翻到正面。藏针法缝合各个口袋的返口，放置一边备用。

12 裁下1块45cm × 61cm的米色布，作为挂袋的主布。

13 参看第4步的边条添加方法，裁下多条2.5cm宽的拼布带，拼缝成2条2.5cm × 61cm的布带，缝到挂袋布的左、右侧边上，分开缝份并熨平。再拼缝2条2.5cm × 48cm的拼布带，缝到顶边和底边上，分开缝份并熨平，成为挂袋的内层彩色边条。

14 为挂袋制作外层边条时，从米色布上裁下2条4cm × 63.5cm的布带，缝到内层边条的左、右侧边上，分开缝份并熨平。再裁下2条4cm × 52cm的米色布带，缝到顶边和底边上，分开缝份并熨平。

15 在米色边条上描出刺绣线，用珠针将铺棉固定到挂袋布的背面，疏缝固定，或用胶水固定。

16 参看下面的刺绣说明，绣出各个细节。

17 制作顶部的垂带时，裁下2块11.5cm×18cm的米色布。一块米色布正面向内对折，折线与18cm边处平行。缝合另一条18cm边，翻到正面，熨平布边。该布再次对折，对折后长度减半，对齐两端的毛边。同样方法折叠另一块米色布，共做两条垂带。将两条垂带缝到挂袋的顶边上，垂带距挂袋的边角约11.5cm，距挂袋的中心点约9cm。

18 底布和装饰好的挂袋正面相对叠压，缝合各边，并留一返口。修剪布边，布角剪牙口，翻到正面，藏针法缝合返口。

19 参看119页的图样，各个装饰好的小口袋用珠针固定到挂袋的相应位置。使用缝纫机，沿着口袋边向内0.3cm车缝一条明线，针线应穿透各层布料，使口袋固定在挂袋上。

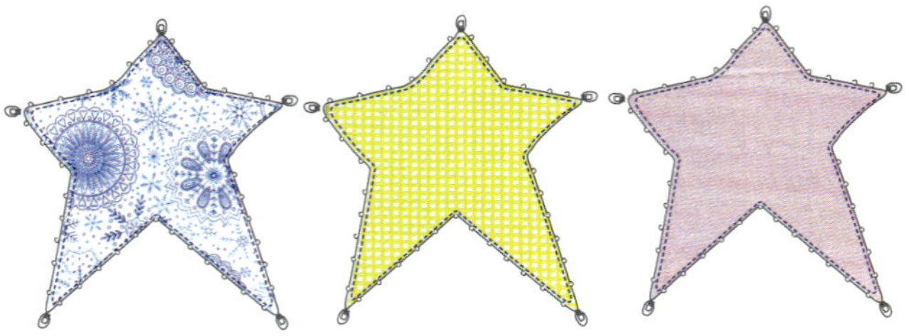

》刺绣

- 取2股黑色绣花线，回针法绣出太阳和月亮上嘴角弯弯的笑容，见图1。
- 取2股黑色绣花线，法式结针法绣出月亮、小鸭、小兔和小熊的眼睛，见图2。
- 取单股黑色绣花线，回针法绣出月亮和星星之间的连接线。取单股黑色绣花线，在连接线的顶端系出一个漂亮的蝴蝶结，并用胶水固定，见图3。
- 取2股蓝色绣花线，法式结针法在星星的5个顶点上各绣一个小圆点，见图3。
- 取3股黄色绣花线，法式结针法在靴子上零落绣出多个小圆点，见图4。
- 取3股白色绣花线，平针法在靴子的上侧绣出一条装饰线，将线头系成一个漂亮的蝴蝶结，并用胶水固定，见图4。
- 取3股白色绣花线，法式结针法在小羊上绣出多个小圆点，代表卷卷的羊毛，见图5。
- 取3股粉红色绣花线，回针法为小兔绣出漂亮的项圈，见图6。
- 取3股黄色绣花线，法式结针法在拨浪鼓的底部绣出一个小圆点，线头系成一个漂亮的蝴蝶结，并用胶水固定，见图7。
- 取3股绿色绣花线，法式结针法在拨浪鼓的黄色区域绣出一些小圆点，见图7。
- 取3股绿色绣花线，法式结针法在F口袋上中间的绿色小山(绿色贴布的中间部分)上绣出一些小圆点。
- 取3股绿色绣花线，平针法在F口袋上左、右侧的绿色小山上绣出一些斜线，代表犁沟，见图8。
- 取3股深棕色绣花线，采用平针法和回针法，为小熊绣出臂弯线、身体中线和小爪。
- 取3股深棕色绣花线，缎纹绣针法为小熊绣出鼻子。
- 取2股蓝色绣花线，沿着挂袋上米色边条的中线，用平针法缝出一圈蓝色的装饰线。
- 取3股黄色绣花线，法式结针法在蓝色装饰线上零落点缀一些小圆点。

1
2
3
4
5
6
7
8

母亲节的祝福

Mother's Day

在孩子心中，妈妈一人身兼数职，真了不起！迷惑时是指路人，危难时是保护神，还是我们永恒的朋友。伤心失意时，可以依着她的肩膀哭泣和倾诉；成功辉煌时，第一刻想要向她报喜，想同她分享幸福。我们已经长大，是向她表达发自内心的感激和祝福的时候了，那就抛弃千篇一律的店铺礼物，奉上这些精心制作的手缝礼品，浓缩我们对母亲的那份拳拳孝心。

本章所展示的三件布艺礼品漂亮别致，可直接作为家中的挂饰，装入小礼品的话，还能为妈妈带来一份甜蜜的惊喜。布艺壁挂的中心设计有一个心形口袋，若是放入一束鲜花，更是令居室芳香四溢；天使祝福袋的波浪边条，浪漫可爱，招来了四处做客的天使在此驻足，那就放入一些巧克力款待她吧，或是装入一些香料让她陶醉于此；爱心袋小巧玲珑，做工精致，可以插入单支鲜花、致谢信或是最喜爱的合照，于无声中表达最真挚的谢意。

爱心袋

Keepsake Heart

各色羊毛不织布围成了一个意味深长的心形袋，凸显出娇嫩欲滴的花朵和轻盈柔美的丝带结，整款袋子制作精美，设计独特，只需两三个小时即可完工。爱心袋内可以插入一支鲜花，并附上致谢卡、照片或是一首小诗，让这份独特的礼物代言我们对母亲的感恩之心。

所需材料

- 米色羊毛不织布：
  10cm × 10cm
- 粉红色羊毛不织布：
  13cm × 23cm
- 绿色羊毛不织布：
  7.5cm × 5cm
- 冷冻纸：20cm × 20cm
- 灰白色丝带：
  0.6cm × 40cm和0.3cm × 40cm
- 绣花线

成品尺寸：

9cm × 10cm

图样见107页

制作说明

1 将大、小心形、花朵、花叶的图样描到冷冻纸上。取熨斗，熨烫粘贴到相应颜色的羊毛不织布上，裁下1小片米色心形、2大片粉红色心形、3片粉红色花朵和8片绿色花叶。

2 从灰白色丝带上裁下3段0.3cm × 6.3cm的窄丝带和3段0.6cm × 3.25cm的宽丝带。窄丝带对折，长度减半，形成双折的丝带。参看图样中的具体位置或者上方作品图示，将这些丝带用珠针固定（或用针线疏缝）到小片米色心形上，注意，双折的窄丝带应压在宽丝带上，形成对称的三角形。

3 参看图样或作品图示，将各片花朵和花叶用胶水粘贴（或用珠针固定）到饰有丝带的米色心形布上。取单股粉红色绣花线，沿着贴布边锁缝花朵，针线恰好可以穿过下层的花叶和丝带。暂时不用锁缝各片花叶的布边。参看刺绣说明，绣出花朵的花心。

4 取单股米色绣花线，将装饰好的米色心形布锁缝到一大片粉红色心形布上。

5 裁下2段0.6cm×35.5cm的灰白色丝带。两大片粉红色心形布叠放，将两条丝带夹在左右顶角的两层布中间（具体位置可参看图样和右侧的作品图示），取3股粉红色绣花线，毛边缝针法锁缝两层布。注意，顶边的凹口不用缝合，作为袋子的开口。最后，将两条丝带系成漂亮的蝴蝶结。可将做好的爱心袋挂在家中任何位置。

》刺绣

•取3股黄色绣花线，法式结针法绣出花朵的花心，见图1。

1

天使祝福袋

Angel Hanging Cone

一起数数这款祝福袋的设计独到之处：别具一格的锥形，上下起伏的波浪边，色彩缤纷的花朵，还有莞尔一笑的天使……里面放入妈妈最喜爱的糖果或鲜花，送给我们心中永恒的天使，让这个母亲节为她留下一份永不褪色的回忆。

所需材料

- 浅绿色布：
  33cm×38cm
- 里布：
  33cm×38cm
- 灰白色布：
  13cm×38cm
- 黏合衬：
  33cm×38cm
- 粉红色羊毛不织布：
  15.5cm×15.5cm
- 灰白色、黄色、绿色羊毛不织布：
  10cm×10cm
- 玫红色羊毛不织布：
  7.5cm×5cm
- 冷冻纸：
  20cm×20cm
- 2条丝带：
  38cm×2.5cm
- 双面黏合纸：
  13cm×38cm
- 绣花线

成品尺寸：

高28cm，顶部的圆周长为35.5cm

图样见107页

》制作说明

1 参看书后的图样，在浅绿色不织布上描出圆锥的图样。将图样描到卡纸上，裁下，沿着卡纸的中心线（竖直方向）卷折，形成一个顶部为圆形（圆周长约为34.4cm）的圆锥体，作为模板。裁下1块比模板尺寸略小0.6cm的黏合衬，固定到模板的背面。取熨斗，将黏合衬热烫到浅绿色锥形布的背面，这样布面会更加挺括。

2 将圆锥图样描到里布上，裁下备用。

3 将边条的图样描到灰白色布上，该布的底部波浪边上外加0.4cm（缝合时便于卷折毛边）裁下，将该布沿中心线卷折，形成圆筒状。波浪边向下折少许，熨平折边。把该布摆放到浅绿色锥形布上，对齐两布的顶边，沿着下侧的波浪边锁缝两层布，隐藏住两块布的毛边。两布的顶边和侧边暂时不用缝合。

4 将花朵、花叶和天使描到冷冻纸上，取熨斗热烫到相应颜色的羊毛不织布上并裁下（具体操作方法可参看104页）。参看图样上的具体位置，用胶水将各片贴布黏合到绿色布和波浪边上。注意，应部分重叠摆放一些贴布，例如，花叶压在花朵下，天使的翅膀应略微压住背部。

5 在相应贴布上标示出天使的眼睛、花心等细节，便于刺绣(手法娴熟的话，也可直接刺绣)。将天使所持花朵的花茎描到浅绿色布上。取与各片贴布颜色一致的绣花线，锁缝各条贴布边。注意，锁缝花朵时针线恰好可以穿过花叶，故无需锁缝花叶的布边。

》小贴士

在添加第3步中的边条时，还有一种简便易行的方法：先将边条的图样描到黏合纸上，再熨烫到灰白色布上，在图样的顶部弧形边和侧边外预留0.6cm，裁下作为贴布。折下这些0.6cm的布边，将整块边条熨烫到浅绿色布上。

》制作说明

6 参看下侧的刺绣说明，绣出贴布上的各个细节。用湿海绵压在笔迹上，消除描摹的线条。晾干。

7 装饰好的浅绿色布正面相对折叠，缝合相接的侧边（图样上的直线边），修剪布边，翻到正面，形成圆锥形袋。参看图样，将2条丝带用珠针固定（或用针线疏缝）到袋子前面的顶边内。还记得第5步中余下来的贴布花朵吗？多选几片花朵和花叶，零落地摆放到刚才缝合的侧边上，盖住外露的接缝线。

8 里布的各边留出1cm的缝份，这样套在袋子内大小恰好合适。里布正面相对折叠，缝合相接的侧边(图样上的直线边)，注意，在距离顶边约5cm的位置留出7.5～10cm的返口。裁剪布边，先不用将布料翻到正面。

9 对齐各边，将浅绿色圆锥形袋放到里布袋内，使丝带夹在两层布料的顶边内。取珠针固定各边，缝合两布的顶边，恰好固定住中间的丝带。取剪刀，将顶边的缝份裁为0.3cm宽。从里布的返口处将袋子翻到正面。

10 藏针法缝合返口。将里布塞到圆锥内熨平顶边。最后，在袋内放入鲜花、巧克力等妈妈喜欢的小礼物，顶部的丝带系成一个漂亮的蝴蝶结，祝福袋制作完毕。

》刺绣

- 取3股黄色绣花线，法式结针法绣出各片花朵的花心，见图1。
- 取3股绿色绣花线，回针法绣出天使手持花朵的花茎，见图2。
- 取2股黑色绣花线，法式结针法绣出天使的眼睛，见图3。

1

2

3

布艺壁挂

Hanging Pocket Quilt

这款壁挂色调清新淡雅，四角飞舞着手持鲜花的小天使，中间设计了一个多功能的心形袋，可以收纳可爱的小饰品和礼品，挂在家中，宛如一幅精美绝伦的艺术壁画。这里，主色调选用了浅绿色，与浪漫的粉红色花朵形成了绝佳的互补。当然，制作时也可灵活变动，大胆尝试妈妈喜欢的色调。这款作品设计精巧，需要一周的制作时间。

所需材料

- 浅绿色布：
  46cm×112cm
- 灰白色布：
  46cm×112cm
- 黄色布：
  20cm×50cm
- 粉红色布：
  18cm×20cm
- 粉红色羊毛不织布：
  30cm×30cm
- 灰白色和黄色羊毛不织布：
  20cm×20cm
- 玫红色羊毛不织布：
  18cm×18cm
- 绿色羊毛不织布：
  25.5cm×25.5cm
- 冷冻纸：
  25.5cm×25.5cm
- 双面黏合纸：
  28cm×28cm
- 底布：
  58.5cm×50cm
- 薄铺棉：
  20cm×25.5cm和50cm×50cm
- 绣花线

成品尺寸：

53.3cm×46cm

图样见108页

》制作说明

1 从绿色布上裁下一块28cm×28cm的正方形布作为壁挂的中心布。参看图样中的圆形，从灰白色布上裁下一块圆形布，双面黏合纸熨烫到该布的背面，再熨烫到中心布上。若手边没有黏合纸，可在图样外预留0.6cm的缝份，裁下灰白色的圆形布，下折缝份，用胶水将圆形布粘贴(或用珠针固定)到中心布上，取灰白色的绣花线锁缝布边。

2 为中心布添加边条时，需裁下4条6.5cm×28cm的浅绿色布带和8条4cm×28cm的灰白色布带。每条浅绿色布带的两侧分别拼缝一条灰白色布带，形成4条11.5cm×28cm的拼布带。将2条拼布带摆放到中心布的左右侧，缝合，分开缝份并熨平。

3 从浅绿色布上裁下4块11.5cm×11.5cm的正方形。对于剩下的2条拼布带，在每条拼布带的两侧分别缝上一块正方形布，形成2条长布带，分开缝份并熨平。将2条长布带摆放到中心布的顶部和底部，缝合后分开缝份，取熨斗熨平。

4 参看图样，将各片贴布造型描到冷冻纸上，再熨烫到相应颜色的羊毛不织布上，裁下作为贴布。参看图样上的具体位置和上页图示，用胶水将各片贴布粘贴（或用珠针固定）到壁挂的四角和灰白色圆布边上。注意，一些贴布应部分重叠摆放，例如，花叶压在花朵下，天使的翅膀、裙子和腿部也需重叠摆放。

5 在相应贴布上标示出天使的眼睛、花心等细节，便于刺绣。将天使所持花朵的花茎描到壁挂四角的浅绿色布上。

6 用珠针将50cm×50cm的铺棉固定在拼布壁挂的背面，疏缝固定，或用胶水固定。有了这层铺棉的垫衬，刺绣线会在贴布上呈现出上下起伏的立体效果。

7 用与贴布颜色一致的单股绣花线锁缝各条贴布边。注意，锁缝花朵时针线恰好可以穿过花叶，无需再锁缝花叶的布边。

8 参看63页的刺绣说明，绣出贴布上的各个细节。用湿海绵压在笔迹上，消除描摹的线条。晾干。

9 参看外层心形图样，裁下2块比图样略大的黄色布，作为前、后片心形。参看内层心形图样，多留出0.6cm的缝份，裁下一小片粉红色心形布。粉红色的布边下折0.6cm，取粉红色绣花线，将该布锁缝到一大片黄色心形布上。将20cm×25.5cm的铺棉固定到该片黄色心形布的背面，沿着布边裁剪出心形的铺棉。参看第4到7步的制作方法，裁剪各片花朵和花叶贴布，并锁缝到粉红色心形布边上。参看65页的刺绣说明，绣出贴布上的花心。

10 2片黄色心形布正面相对叠压，缝合各边，并留一返口。修剪布边，布角剪牙口，翻到正面，藏针法缝合返口。

11 取3股黄色绣花线，采用毛毯边锁缝针法，将装饰好的心形布锁缝到壁挂上，具体位置可参看图样和60页的作品图示。注意，顶部留一开口不用缝合，作为心形袋的开口。

12 制作顶部的垂带时，裁下4块19cm×11.5cm的灰白色布。每块灰白色布正面向内对折，折线与19cm长边平行。缝合重叠的长边，翻到正面，熨平布边。该布再次对折，折后作为垂带，尺寸为8.9cm×5.1cm。在每条垂带的前侧标记出花朵的位置，距顶部的折线约4cm。参看第7步，在每条垂带上摆放1片花朵和3片花叶，并锁缝花朵的布边。取珠针，将4条对折的垂带固定到壁挂的顶边上，两侧垂带距壁挂的边角约4cm，每两条垂带的间距约为7.5cm。注意，将垂带的毛边藏到壁挂顶边的背面。

13 底布和装饰好的壁挂正面相对叠压，留出一个返口，缝合各边，缝合顶边时针线应穿过各条垂带，使其固定在两层布中间。修剪布边，布角处剪牙口，翻到正面，藏针法缝合返口。最后，在心形袋内插入干花作为装饰。

》小贴士

壁挂完工后，可到手工艺术用品店采购各种规格、颜色、式样的挂轴。挑选时，注意挂轴的直径最好小于4cm，便于垂带轻松穿过挂轴。

》刺绣

- 取3股黄色绣花线，法式结针法绣出每片花朵的花心，见图1。
- 取3股绿色绣花线，回针法绣出天使所持花朵的花茎，见图2。
- 取2股黑色绣花线，法式结针法绣出每个天使的眼睛，见图3。

乔迁贺礼

Hearts & Home

要搬家了！对于任何人而言都会是一番忙乱，又伴随着阵阵激动和憧憬。朋友遇到了这么大的喜事，肯定要祝贺一下。漂亮的东西人人喜欢，新家一定需要一些美丽典雅的家居饰品，不妨制作一款为朋友的新家锦上添花。本章所展示的乔迁贺礼简单易学，富于创意，拿出手边的印花布和羊毛不织布，一起动手吧！

逛完朋友的新家，不妨依据其装修主色调，选取色彩与之搭配和谐的各式布料，精心设计，制作出一款温馨俏丽的爱满小屋靠垫，送上一份发自内心的乔迁贺礼。礼物如此美丽，还很贴心，相信收礼人一定倍加珍惜，每次蜷在沙发中抱着心爱的靠垫，心中定会荡起幸福的涟漪。

红心小屋迎客门卡小巧玲珑，做工精美，垫子上的红心张扬着乔迁新居的兴奋和激动，而小屋贴布巧妙呼应了乔迁主题，挂在朋友新居的门口，营造一种宾至如归的家居氛围，静静地等候各位宾朋的光临。

蜡烛垫上跳跃着热情的红心和浪漫的小屋，放上典雅大方的高脚玻璃杯，点燃弥漫着幽香的彩烛，小礼物，大智慧，放在任何一个房间内，都能让小屋满室生辉，为新居渲染出别样的温情和闲适。

红心小屋迎客门卡

Hearts & Home Greeting

这款作品温馨恬淡，制作简单，顷刻之间就可完工，可挂在家中作为主题饰品，还可当成邀请朋友参加乔迁派对的请帖。红心和小屋贴布可从羊毛不织布上裁剪，整款作品制作只需两个多小时，喜欢这种风格的话，可以再动手制作一款同主题的红心小屋蜡烛垫。

所需材料

- 浅棕色羊毛不织布：12.7cm×22.7cm
- 绿色羊毛不织布：15.2cm×25.4cm
- 米色羊毛不织布：7.6cm×6.4cm
- 红色羊毛不织布：12.7cm×7.6cm
- 棕色羊毛不织布：5.1cm×7.6cm
- 冷冻纸：30.5cm×30.5cm
- 褐色丝带：0.6cm×30.5cm
- 绣花线
- 胶水

成品尺寸：

12.7cm×22.7cm

图样见115页

》制作说明

1 参看115页的图样，在冷冻纸上描下迎客门卡的轮廓线，并熨烫到浅棕色羊毛不织布上，裁下作为背景布。裁剪下的浅棕色碎布暂时留下，可作为小屋的窗户。

2 将红心、烟囱、门、屋顶、墙体和窗户等造型描到冷冻纸上，取熨斗熨烫到相应颜色的羊毛不织布上：红心和烟囱为红色布，门和屋顶为棕色布，墙体为米色布，而窗户为浅棕色布。裁下2片心形，墙体、屋顶、门和烟囱各1片，5片窗户。

3 参看图样，用水消笔在浅棕色的背景布上描出藤条和藤叶等，将小的红心描到墙体上，并在各扇窗户上描出窗框，便于刺绣。当然，手法娴熟的话，可直接绣出这些造型。参看图样中的具体位置或者本页的作品图示，将各片贴布用胶水粘贴到浅棕色背景布上。

4 取与各片贴布颜色一致的单股绣花线，锁缝各条贴布边。

5 参看本页右下的刺绣说明，绣出各个细节。

6 用湿海绵压在笔迹上，消除描摹的线条。晾干。

7 参看图样中的具体位置，将丝带的两端用胶水粘贴（或用珠针固定）到背景布的顶边上。

8 将装饰好的背景布用珠针固定（或用胶水粘贴）到绿色羊毛不织布上，取浅棕色绣花线，将背景布的布边锁缝到绿色布上，使丝带固定在两层布中间。修剪底层的绿色布，使其在浅棕色布外露出0.6cm宽的布边。迎客门卡制作完成。

红心小屋蜡烛垫

喜欢红心小屋贴布造型的话，参看115页的蜡烛垫图样，只需短短的两个半小时，就可制作出这款同样俏丽的红心小屋蜡烛垫，打造出别样浪漫的家居情调。五彩缤纷的烛垫、摇曳缥缈的烛影，悠然醉人的烛香……家，的确是我们魂牵梦萦的港湾。

》小贴士

为使门卡看上去更有家的温馨和恬静，我用茶水浸染了米色羊毛不织布；还可用浓茶水在底布上做旧，让茶斑留下时间的痕迹。

》刺绣

1

2

- 取3股绿色绣花线，回针法在背景布上绣出藤条，见图1。
- 取3股绿色绣花线，雏菊绣针法绣出片片藤叶，见图1。
- 取3股棕色绣花线，回针法绣出各扇窗户的轮廓线；取单股棕色绣花线，回针法绣出窗框，见图2。
- 取3股深棕色绣花线，法式结针法绣出门的把手，见图2。
- 取3股红色绣花线，回针法绣出小屋上的小红心，见图2。

爱满小屋靠垫

Little Cushion

娇艳似火的红心守护在自然质朴的小屋左右，打造出这款色调雅致、外观讨巧的沙发靠垫，做工如此精致，不失为一件值得珍藏的纪念品。这款作品的制作需要一整天的时间，既然朋友已经确定了乔迁的最后日期，那就赶快动手，为她献上一份设计独特、主题鲜明的贴心礼物吧！

所需材料

- 浅棕色布：
  15.2cm×25.4cm
- 绿色布：
  15.2cm×25.4cm
- 绿色的互补色布：
  15.2cm×25.4cm
- 灰白色布：
  7.6cm×6.4cm
- 红色布：
  12.7cm×7.6cm
- 棕色布：
  5.1cm×7.6cm
- 胶水或双面黏合纸：
  10.2cm×20.3cm
- 填充棉：
  250g
- 薄铺棉：
  15.2cm×27.9cm
- 绣花线

成品尺寸：

14cm×24.1cm

图样见115页

》制作说明

1 参看115页的图样，在浅棕色布上描下靠枕的轮廓线。浅棕色布缝到底层绿色布上时需要下折毛边，故需在轮廓线外多留出0.6cm再裁剪。或者，可将靠枕的轮廓线描到黏合纸上（无需预留0.6cm的折边），取熨斗熨烫到浅棕色布上，裁下作为靠垫的背景布。裁剪下的浅棕色布块留下，可作为小屋的窗户。

2 背景布上的各片贴布，如用针线贴缝到位，需在裁剪时多留出0.6cm的折边。也可以将红心、墙体、门、屋顶、烟囱和窗户等造型直接描到黏合纸上，熨烫到各色布的背面（颜色搭配可参看上面作品图示），再裁下2片红心，墙体、屋顶、门和烟囱各1片，以及5片窗户。

3 参看图样，用水消笔在浅棕色的背景布上描出藤条和藤叶等造型，将小的红心描到墙体上，并在各扇窗户上描出窗框，便于刺绣。当然，手法娴熟的话，可直接绣出这些造型。

4 参看图样中的具体位置或者68页的作品图示，将红心和小屋贴布用胶水粘贴到浅棕色背景布上，取针线锁缝贴布边。若贴布背面附有黏合纸的话，摆放到位后，用熨斗熨烫固定。

5 将浅棕色背景布摆放到15.2cm×25.4cm的绿色布上，下折布边，取针线缝合，作为靠垫的前片。而那块绿色互补色的布料将作为靠垫的后片。

6 如果红心和小屋贴布是用熨斗热烫黏合的，可取与各片贴布颜色一致的单股绣花线，锁缝贴布边。

7 将铺棉用珠针固定在前片靠垫的背面，取针线疏缝固定，或用胶水粘牢固。有了这层铺棉，刺绣线会在贴布上呈现出上下起伏的立体效果。

8 参看下面的刺绣说明，绣出各个细节。用湿海绵压在笔迹上，消除描摹的线条。晾干。

9 靠垫的前、后片正面相对叠压，缝合各边，并留一返口。将布料翻到正面，塞入填充棉，使靠垫柔软蓬松，然后藏针法缝合返口。一款温情四溢的爱满小屋靠垫制作完工。

》刺绣

- 取2股绿色绣花线，回针法在背景布上绣出藤条，见图1。
- 取2股绿色绣花线，雏菊绣针法绣出藤叶，见图1。
- 取2股棕色绣花线，回针法绣出窗户的轮廓线，见图2。
- 取单股棕色绣花线，回针法绣出窗框，见图2。
- 取2股红色绣花线，回针法绣出小屋贴布上的红心，见图2。
- 取2股深棕色绣花线，法式结针法绣出门把手，见图3。

1

2

3

可悬挂装饰靠垫

喜欢这款可以悬挂的装饰靠垫吗？它和上页的靠垫制作非常相似，制作时，可参看116页的图样，灵活改变靠垫上装饰元素的设计和颜色搭配，例如，将藤条绣成一个浪漫的心形，再为靠垫添加上雅致的边条，来个别样的变身！若喜欢简约大方的家居风格，那就裁剪各片贴布，直接在心形藤条内绣出小屋的轮廓即可，创意无极限，一起动脑尝试吧！

乔迁喜被

House Warming Quilt

这款乔迁喜被的细节设计十分独到：素色调的贴布描绘出一间质朴自然的乡间小屋，四周用回针法绣出心形的藤条，枝条上则用雏菊绣针法绣出零落对称的藤叶，被边则是经典的小木屋拼布边条，整款被子素雅清新，又不失精致典雅。这款作品细节较多，需要精工制作，整体手工需要一周左右时间。

所需材料

- 米色布：
  45.7cm × 112cm
- 绿、蓝、紫、红、米色印花布（用作拼布边条）：
  11.4cm × 112cm
- 绿色布（用作边条和滚边条）：
  28cm × 112cm
- 棕色布（用作贴布）：
  17.8cm × 17.8cm
- 浅棕、蓝、浅蓝、红、浅绿色布（用作贴布）：
  15.2cm × 15.2cm
- 粉红、玫红、紫、蓝色布（用作贴布花朵）：
  12.7cm × 12.7cm
- 双面黏合纸：
  45.7cm × 25.5cm
- 薄铺棉：
  63.5cm × 63.5cm
- 底布：
  63.5cm × 63.5cm
- 绣花线

成品尺寸：

58.4cm × 58.4cm

图样见109、120和121页

》制作说明

1 裁下一块34.3cm × 34.3cm的米色布，作为被子的中心布。

2 制作内层边条时，裁下2条34.3cm × 3.8cm的绿色布，拼缝到米色中心布的左右两侧，分开缝份并熨平。再裁下2条39.4cm × 3.8cm的绿色布，拼缝到顶边和底边上，分开缝份并熨平。

3 制作第二层边条的拼布块时，先裁下多块3.8cm × 3.8cm的米色布，作为小木屋拼布块的中心。参看75页的作品图示，裁剪4块色调各异的印花布，拼缝在每小块米色布的四周，形成多块小木屋拼布。小木屋拼布的具体制作为：先裁剪1块3.8cm×3.8cm的粉红色印花布，拼缝到小块米色布的一侧，分开缝份并熨平；再裁剪2块色调各异的印花布，尺寸为3.8cm×6.4cm，拼缝到小块米色布的另两边上，分开缝份并熨平；再裁剪1块颜色不同的印花布，尺寸为3.8cm×8.9cm，拼缝到小块米色布的最后一条边上，分开缝份并熨平，形成的拼布块尺寸为8.9cm×8.9cm。制作这款被子共需24片小木屋拼布块。

4 取10片小木屋拼布块，每5块拼缝到一起，形成2条拼布带。分别缝到内层边条的左右两侧，分开缝份并熨平。对于剩余的14片小木屋拼布块，每7块拼缝到一起，形成两长条拼布块，缝到内层边条的顶边和底边上，分开缝份并熨平。

5 制作外层的米色边条时，裁下2条3.8cm×54.6cm的米色布，缝到第二层拼布边条的左右侧，分开缝份并熨平。再裁下2条3.8cm×59.7cm的米色布，缝到顶边和底边上，分开缝份并熨平。

6 将所有的贴布造型描到黏合纸上并剪下。参看图样或者作品图示中的颜色搭配，黏合纸熨烫黏合到各色布上。从布上裁下，然后熨烫粘贴到被子的相应位置。取与各片贴布颜色一致的单股绣花线，锁缝各条贴布边。

7 将刺绣线条和图案描到被子的米色中心布、拼布块的米色中心布以及被子的外层边条上。

8 用珠针固定铺棉和拼布被面，疏缝固定，或布用胶水粘牢固。有了这层铺棉的垫衬，被子上的刺绣线会呈现出上下起伏的立体效果。

9 参看下方的刺绣说明，绣出各个细节。用湿海绵压在笔迹上，消除描摹的线条。晾干。

10 在装饰好的被面下方放置上底布，缝合各边。喜欢的话，可在被子上添加一些自由绗缝图案，最后用绿色布为被子滚边（具体方法参看103页）。

》刺绣

1

2

3

4

- 取3股绿色绣花线，回针法为被子的外层边条和中心米色布绣出藤条，见图1。
- 取3股绿色绣花线，雏菊绣针法为藤条、树枝和贴布花朵绣出叶子，见图2。
- 取3股黄色绣花线，法式结针法绣出花朵的花心，见图2。
- 取3股棕色绣花线，回针法绣出小屋顶的瓦片，见图3。
- 取3股深棕色绣花线，法式结针法绣出门把手，见图4。
- 取3股蓝色绣花线，回针法绣出窗户的轮廓线和窗框，见图4。

这款拼布被与前款作品有所不同：所有的图案均未采用布料粘贴，而是用针线绣出轮廓线。刺绣时，绣花线的颜色不宜繁杂，尽量从简，可更好地凸显出简洁大方的装饰图案。这款作品的制作同样需要一周时间。

友情

Friendship

这些布艺礼物适合送给特殊的朋友——她们热爱生活、喜欢手作，和我们一样痴迷于针线飞舞出的绚丽世界。南瓜针插采用浪漫的粉红色布制作而成，顶部饰以典雅的白色羊毛不织布，布上零落点缀了一些粉红色的贴布花朵，整款作品小巧玲珑、制作简便，放在手边却经久耐用。如果你刚加入手作一族，不妨练练手艺，多做几款，送给志同道合的“缝友”，一起享受手作的快乐，挥洒真诚的友情。

折叠式针线袋开合自如，浪漫的心形和粉红色的花朵点缀其上，整体的粉红色调散发着暖暖的温情。打开袋子，放入绣花针、线、剪刀等手缝工具，折叠起来，一点都不占用空间。这么贴心的礼物应该送给爱做针线的好友，愿她时时享受手作的无限乐趣！

粉红色小碎花的友谊被漂亮怡人，菱形的贴布十分醒目，上面还绣有缝纫机、剪刀、盆栽、针线等别样造型，既可作为非常独到的家居饰品，还是一款实用的夏凉被，不管是什么场合或节日送给朋友，都是讨人喜欢、值得珍藏的手作佳品。

南瓜针插

Pin Cushion

因为经典，所以永恒。这款小巧玲珑的针插是经典的南瓜造型，小碎花图案温馨浪漫，实用性也不错。只需花费两三个小时，就能为自家或朋友打造出一件“养眼”的好东西。

所需材料

•粉红色布：
18cm×35.5cm
•米色羊毛不织布：
10cm×10cm
•粉红色羊毛不织布：
7.5cm×7.5cm
•冷冻纸：
15.5cm×15.5cm
•薄铺棉：
18cm×35.5cm
•填充棉
•绣花线

成品尺寸：
13cm×4.5cm
图样见110页

》制作说明

1 参看图样，裁下2片粉红色的圆形布。

2 用珠针在每片圆形布的背面固定上铺棉，疏缝固定（或用胶水黏合）铺棉。

3 参看图样和本页作品图示，将各片贴布造型描到相应颜色的布上，裁下，粘贴到第1步裁下的粉红色圆形布的中心。取与各片贴布颜色一致的单股绣花线，锁缝各条贴布边。

4 参看图样，描出刺绣线条和图案。参看79页的刺绣说明，绣出各个细节。用湿海绵压在笔迹上，消除描摹的线条。晾干。

5 2片粉红色的圆形布正面相对叠压，缝合各边，并留一返口。将布料翻到正面，填入足量的

填充棉，藏针法缝合返口。

6 剪一段6股粉红色绣花线，长度为91.5cm。依据图样上3条在圆心相交的虚线，上下交错绣花线，使其在针插上绕出3条相交的斜线，注意线稍稍收紧点，让线绷进球面一些。在针插的顶部剪断多余的线头，在中心系出一个漂亮的蝴蝶结，并用胶水固定。

》刺绣

- 取3股绿色绣花线，雏菊绣针法绣出贴布花朵旁的花叶，见图1。
- 取3股黄色绣花线，法式结针法绣出每片花朵的花心，见图2。

折叠式针线袋

Sewing Kit Holder

这款针线袋采用了折叠式设计，开合方便，外观小巧玲珑，容量却不小，可收纳各种手缝工具，只需花上一两天时间，就能多出一件超级实用的手作伴侣。

所需材料

•浅棕色布：
23cm×40.5cm
•粉红色印花布：
23cm×65.5cm
•黏合衬：
46cm×112cm
•丝带：
50cm×0.6cm
274.5cm×0.3cm
•米色羊毛不织布：
30cm×30cm
•粉红色羊毛不织布：
20cm×20cm
•冷冻纸：
35.5cm×35.cm
•填充棉
•绣花线

成品尺寸：
展开时为18cm×56cm，折叠时为18cm×13cm
图样见110和111页

》制作说明

1 裁下2片浅棕色布和2片粉红色布，尺寸均为19cm×15.5cm，作为袋子的里层用布。

2 交错搭配花色，颜色从左向右依次为：浅棕色、粉红色、浅棕色和粉红色，沿着19cm的长边缝合这4片布，形成1片19cm×57cm的双色拼布。

3 拼布的背面居中放置1块18cm×56cm的黏合衬，取熨斗熨烫黏合。

4 将布料翻到正面，拼布的各边均向内量取0.6cm，用水消笔描出一圈平行于布边的线，作为车缝的标示线。

5 裁下2片19cm×29.2cm的粉红色布作为袋子的表布。裁下一段25.5cm×0.6cm的丝带，用珠针将丝带的一端固定（或者疏缝）到一片表布19cm边的中点上。2片粉红色表布放置到一起，沿着缝有丝带的19cm边拼缝两块布，形成一片19cm×57cm的表布。参考第3步的方法，表布的背面居中放置一片18cm×56cm的黏合衬，取熨斗熨烫黏合。

6 参看图样，将所有贴布造型描到冷冻纸上。取熨斗熨烫到相应颜色的羊毛不织布上，裁下作为贴布。

7 制作袋内的心形针插时，裁下1片大号的粉红色心形布和1片小号的灰白色心形布，以及3片粉红色的圆形花朵。参看图样或者右下方的作品图示，用珠针将各片布固定(或用胶水黏合)到一起，取与布料颜色一致的单股绣花线，锁缝粉红色心形布边和花朵边。参看83页的刺绣说明，绣出花朵的花心和花叶。展开袋子的里层布，将针插用珠针固定到最左侧浅棕色布的中心，取2股粉红色的绣花线，锁缝底层的粉红色心形布边，留出一段返口暂不缝合，填入少量的填充棉，使针插略微上鼓，藏针法缝合返口。

8 制作袋内的心形剪刀袋时，裁下1片大号的灰白色心形布和1片小号的粉红色心形布，以及3片灰白色的圆形花朵。参看第7步的制作说明，固定各片布后锁缝布边，绣出花心和花叶。然后，将剪刀袋用珠针固定到里层布的最右侧粉红色布上，取2股白色的绣花线，锁缝底层的灰白色心形布边。注意，留出一段开口不用缝合，从开口内可以插入小剪刀。

9 制作袋内的直尺袋时，裁下1片16.5cm×6.5cm的浅棕色布。两条16.5cm的布边下折0.6cm。裁下1片同尺寸的黏合

衬，熨烫粘贴到该布的背面。背面对背面对折该布，折后袋子尺寸为8.2cm×5cm。袋子的表布上用珠针固定上花朵贴布，锁缝花朵的边缘，并绣出花叶和花茎。参看图样中的位置，将装饰好的小袋子用珠针固定到剪刀袋的左侧，袋子的侧边和底边均向内量0.3cm车缝一条明线，顶边不用缝合，用于插入直尺。

10 参看110和111页的图样，为针线袋内的布边锁缝上各片不织布花朵，并绣出花叶和花心。注意，这些装饰元素应摆放在缝份线内。

11 依照针线袋封面的图样，裁下各片大、小号心形布和不织布花朵。用珠针固定到针线袋表布的相应位置上，锁缝布边，参看83页的刺绣说明，绣出花叶和花心。

12 制作针线袋内固定绣花线、剪刀的丝带结时，裁

下9条25.5cm × 0.3cm的丝带，参看111页图样中的标示，各条丝带居中放置在这些位置（标示点两侧的丝带均为12.5cm），车缝或者手缝固定这些丝带。

13 长出的丝带均用珠针固定到针线袋内，缝合内外层袋边时，不用担心将它们误缝到袋边内。

14 袋子的里层拼布和表布正面相对叠压，袋外的心形和袋内的心形针插恰好重叠在一起，缝合两层布的各边，并留一返口。修剪布边，布角处剪牙口，将袋子翻到正面，藏针法缝合返口。

15 参看图样，袋边向内0.6cm处用缝纫机车缝一条明线，固定内外层袋边。打开针线袋，插入缝针、剪刀、直尺等手缝工具，丝带系成蝴蝶结，折叠式针线袋制作完成。

》刺绣

- 取3股黄色绣花线，法式结针法绣出各片花朵的花心，见图1。
- 取3股绿色绣花线，雏菊绣针法绣出花朵和花茎旁的叶，见图1。
- 取3股绿色绣花线，回针法绣出直尺袋上的花茎，见图2。

1

2

友谊被

Friendship Quilt

这款友谊被上饰以四个醒目的菱形，都拼缝了色调一致的边条，其内用绣花线勾勒出缝纫机、剪刀、线轴和针线等造型，整体设计简洁明了，但简约中又不失温馨。喜欢的话，那就留出四到七天的手作时间吧。

所需材料

- 粉红色布（用作边条）：
  68.5cm × 112cm
- 4片灰白色印花布（用作边条）：
  11.5cm × 112cm
- 4片棕色布（用作边条）：
  11.5cm × 112cm
- 4片绿色布（用作边条和滚边条）：
  11.5cm × 112cm
- 4片灰白色布（用作心形贴布）：
  13cm × 13cm
- 4片粉红色布（用作心形贴布和花朵）：
  13cm × 13cm
- 双面黏合纸：
  23cm × 112cm
- 薄铺棉：
  61cm × 61cm
- 底布：
  61cm × 61cm
- 切割垫和轮刀
- 绣花线

成品尺寸：

53.3cm × 53.3cm

图样见109和110页

》制作说明

1 制作友谊被内的4片正方形拼布时，裁下4片11cm × 11cm的灰白色布，作为待添加边条的中心布。再裁下8片11cm × 2.5cm的棕色布。每片灰白色布的两侧分别缝上1片棕色布，分开缝份并熨平。另裁下8片2.5cm × 13.5cm的棕色布，缝到各片灰白色布的顶边和底边上，分开缝份并熨平。这样，灰白色布外呈现出棕色的内层边条。

2 制作第二层灰白色边条时，裁下8片2.5cm × 13.5cm的灰白色印花布，每两片布缝到棕色内层边条的两侧，分开缝份并熨平。另裁下8片2.5cm × 16cm的灰白色印花布，缝到顶边和底边上，分开缝份并熨平。

3 制作第三层粉红色边条时，裁下8片5.5cm × 16cm的粉红色布，每两片布缝到第二层边条的两侧，分开缝份并熨平。另裁下8片5.5cm × 24.7cm的粉红色布，缝到顶边和底边上，分开缝份并熨平。

4 将上述4片正方形拼布放置在切割垫上，拼布的对角线和垫子的各边平行，即在垫子上摆放成

菱形。从拼布的中心点向外均量取11cm，绘出4条和垫边平行的线条，沿线裁剪拼布，形成边长约为22cm的正方形拼布，拼布边距离内层的灰白色布角约为0.6cm。

5 裁下8片7cm×7cm的灰白色正方形布，沿一条对角线裁开，形成16片三角形布。参看图样和作品图示，每片拼布的四角放置一片三角形布并缝合，分开缝份并熨平。裁剪布边，裁成边长为21.5cm的正方形拼布。

6 4片正方形拼布摆放成两排，形成一大片正方形拼布，缝合后熨平布料。

7 将绿色布裁成宽3.2cm的布带，长度介于10cm到18cm之间。拼缝布带，形成一长条绿色布带。裁下2条3.2cm×42cm的短布带，再裁下2条3.2cm×46cm的长布带。短布带拼缝到正方形拼布的两侧，长布带拼缝到其顶边和底边上，分开缝份并熨平。

8 为被子添加外层的粉红色边条时，裁下2条5.5cm×46cm的粉红色布带，拼缝到拼布绿色边的左右两侧，分开缝份并熨平。再裁下2条5.5cm×54.5cm的粉红色布带，拼缝到其顶边和底边上，分开缝份并熨平。

9 参看图样，在粉红色布上描出4个大号心形，在灰白色布上描出4个小号心形，裁下作为心形贴布。在小号心形布上描出刺绣线。小号心形的背面熨烫上黏合纸，取熨斗熨烫到大号心形的中心。参看图示中的具体位置，使用黏合纸将各片大号心形热烫到被子上4个灰白色正方形内。裁下多片圆形的粉红色布作为花朵。使用黏合纸将各片花朵熨烫到拼布被的三角形布和心形贴布上（具体位置可参看图样或作品图示）。然后，在4片小正方形布的灰白色边条上描出藤条和藤叶。

10 在正方形拼布的背面垫上铺棉，取珠针固定后疏缝加固（或用喷雾胶水黏合）。有了这层铺棉，刺绣线在被面上可呈现出上下起伏的立体效果。

11 参看87页的刺绣说明，绣出各个细节。用湿海绵压在笔迹上，消除描摹的线条。晾干。

12 底布摆放到铺棉下，缝合被边，用缝纫机压出自由纡缝花纹。最后，用绿色布为被子滚边（具体操作参看103页）。

》小贴士

作品中绿色边条可以从一整块布上裁下，这里，我特意裁剪了多条色调不一的绿色布带，拼缝在一起为被子滚边，为被边打造出随意的“拼贴”效果。

》刺绣

- 取2股黑色绣花线，回针法绣出缝纫机造型，见图1。
- 取2股粉红色绣花线，回针法绣出缝纫机上的心形，见图1。
- 取2股绿色绣花线，回针法绣出藤条和花茎，见图2。
- 取2股绿色绣花线，雏菊绣针法绣出藤叶、花朵和花茎旁的叶子，见图2。
- 取3股黄色绣花线，法式结针法绣出每片花朵的花心，见图2。
- 取2股褐色绣花线，回针法绣出心形和缝纫机上的线轴，见图2。
- 取2股灰色绣花线，回针法绣出缝针和剪刀，见图3。
- 取2股黄色绣花线，回针法绣出缝线，见图4。

1

2

3

4

圣诞节礼物

Christmas

圣诞节在西方乃至全世界，都是一个令人激动、快乐四溢的美好节日。寒风凛冽，雪花飘舞，也难以阻挡人们匆匆回家的脚步。我们与亲朋好友欢聚一堂，共享美食，谈笑风生，挥洒着快乐，分享着喜庆，感受着那份真情与温馨。

节日的确让人快乐，挑选礼物有时却让人发愁。礼物要有新意，个性脱俗，那就制作一款圣诞礼物袋吧，放进礼物，装满圣诞糖果，送给各位亲友。一份馈赠，双份礼物，为收礼人制造一份惊喜，等着他们的尖叫和激动吧！

圣诞节快到了，店铺购买的饰品总是千篇一律，没有什么新鲜感和亲切感，那就自己动手，制作这里的圣诞树挂饰和壁挂袋，为爱家营造一份浓浓的节日情调。准备一些可口的甜点、糖果和礼物，每天变换花样放入壁挂袋内，让家人享受别具一格的节日惊喜。这款壁挂袋上的圣诞元素丰富多样，有展翅飞翔的天使，两两交错的拐杖糖，憨态可掬的雪人，乖巧和顺的驯鹿，流光溢彩的圣诞树，闪烁的星星… 抬头望去，宛如置身于喜庆四溢的圣诞派对中，那就尽情和家人一起欢庆吧，圣诞快乐！

圣诞树挂饰

Tree Decorations

收到了一份圣诞派对的请柬，离出门只剩半天多时间了，还在发愁没有合适的礼物吗？那就制作这些花朵般的圣诞树挂饰吧。收到这么美丽又合时宜的礼物，派对的主人能不喜欢吗？说不定会视若珍宝呢。那就动手吧，每件挂饰只需两个半小时就可制作完成。

所需材料

- 白色羊毛不织布：11.4cm × 11.4cm
- 自选颜色的羊毛不织布：12.7cm × 12.7cm
- 米色法兰绒：10.2cm × 10.2cm
- 丝带：15.2cm × 0.6cm
- 冷冻纸：15.2cm × 15.2cm
- 红、绿、黄、蓝、棕、玫红色的羊毛不织布：10.2cm × 10.2cm
- 绣花线
- 胶水或双面黏合纸：15.2cm × 15.2cm

成品尺寸：

直径为10.2cm

图样见114页

》制作说明

1 确定所需挂饰的数量，参看114页的图样，将带波浪边的圆形描到冷冻纸上。将冷冻纸熨烫到白色羊毛不织布上，裁下多片作为底布，数量自定。

2 制作挂饰中心的米色贴布时，将图样中的圆形描到黏合纸上，熨烫到米色法兰绒布的背面，沿着轮廓线裁下。如果手边没有黏合纸，可在图样外预留0.6cm裁剪布料，便于缝合贴布时下折布边。

3 参看图样，为挂饰选取自己喜欢的装饰图案。将所选图案描到冷冻纸上，熨烫到相应颜色的羊毛不织布上，裁下作为装饰贴布。

4 用水消笔在底布上描出藤条和藤叶，当然，绣工较好的话，也可直接刺绣。参看100页壁挂收纳袋的刺绣说明，绣出各个细节。

5 参看下方的图示，将装饰贴布用胶水粘到圆形的米色法兰绒上。米色法兰绒的毛边向下折0.6cm，再缝到白色的底布上（若使用黏合纸热烫米色法兰绒，则不需要下折毛边）。

6 取单股米色绣花线，沿着米色法兰绒的布边锁缝一周，将其固定在底布上。

7 用湿海绵压在笔迹上，消除描摹的线条。晾干。

8 丝带对折成环形，用珠针将两端固定（或用胶水黏合）到白色底布的背面。将装饰好的白色底布放在自选颜色的羊毛不织布上，两布背面相对，取胶水黏合，再取相应颜色的绣花线，锁缝白色底布的布边。取剪刀裁剪下层的羊毛不织布，使其在白色布边外多出0.6cm，为挂饰打造出浪漫的彩色边条。

圣诞礼物袋

Christmas Gift Bag

这些圣诞礼物袋色彩缤纷、格调温馨，设计有浪漫的丝带、别致的纽扣、有趣的贴布以及精美的绣图，整体制作需要一天时间。这里制作的是吊有气球的礼物袋，如果你喜欢其他贴布图案的话，可参看图示或纸样自己动手制作。

所需材料

- 米色布：60.5cm × 22.9cm
- 绿色和黄色布各14片：3.2cm × 3.2cm
- 2片里布：18.4cm × 22.2cm
- 2片中厚的黏合衬：17.1cm × 21cm
- 红色、黄色和绿色的羊毛不织布：10.2cm × 10.2cm
- 4粒直径1.3cm的纽扣
- 4条长30.5cm的丝带
- 绣花线

成品尺寸：

17.8cm × 21.6cm

图样见117页

》制作说明

1 裁下1片14.6cm × 10.8cm的米色布，作为前片袋子的中心布。

2 为中心布添加内层边条时，将28片3.2cm × 3.2cm布块搭配花色拼缝起来，形成4条等长的拼布带。米色中心布的四边各放置一条拼布带，缝合，分开缝份并熨平，形成双色拼布边条。

3 制作外层米色边条时，裁下4条18.4cm × 3.2cm的米色布带，拼缝到内层边条的各边外，分开缝份并熨平。

4 取1片黏合衬，摆放到前片袋子的背面，裁剪黏合衬，使其比袋边略小0.6cm，有了黏合衬的加固，礼物袋不仅耐用，看起来也更加挺括。

5 参照图样中的贴布造型，从相应颜色的羊毛不织布上裁下各个造型，用珠针（或胶水）固定到前片袋子上（具体位置可参看上图）。取相应颜色的单股绣花线，锁缝贴布边。

6 参看95页的刺绣说明，绣出各个细节。

7 裁下1片18.4cm×22.2cm的米色布，作为后片袋布。将另一块黏合衬熨烫到该布的背面加固，操作方法可参看第4步。

8 前、后片袋布正面相对叠压，缝合两布的左、右侧边和底边。裁剪布边，布角处剪牙口，将袋子翻到正面，熨平布料，作为外层袋子。

9 2片里布正面相对叠压，缝合两块布的侧边和底边，并在底边上留出一段长7.6cm的返口。裁剪布边，布角处剪牙口，暂时不要将布料翻到正面。

10 将外层袋子放进里布袋内，两层袋布的正面相贴，抻平布料，使得内、外层侧边紧贴在一起。在顶边向下0.6cm处缝合两层袋体，侧边向内剪开0.3cm的返口，伸手进入袋底，从底边返口处将里布翻到正面。将里布的底边拉到袋口，取针线锁缝返口，也可用缝纫机缝合返口。将里布袋塞进袋内，取熨斗熨平顶边。

11 选取2条颜色互补的丝带制作提手。这里，我为袋子的前、后片均设计了提手，当然，你可以参看12页的提手设计方法，设计出自己喜欢的提手。

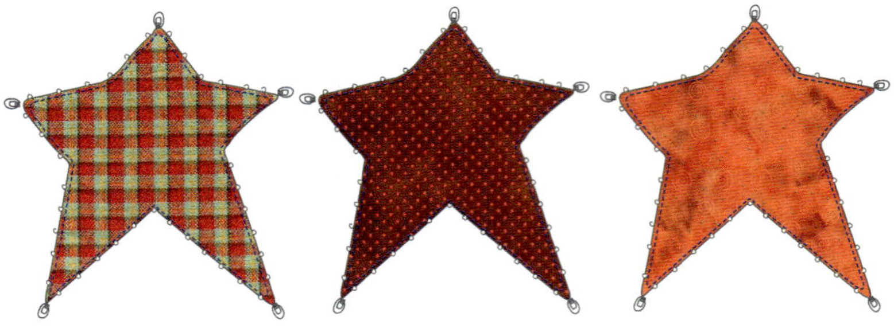

想要让他记住你，为什么不做出一系列的袋子作为礼物呢？参看117页的气球、星星、圣诞老人头像的图样，剪剪拼拼，飞舞针线，让这里的美图变成你手中的作品吧！

》刺绣

- 取2股绿色绣花线，回针法为袋子的米色边条绣出藤条。
- 取2股绿色绣花线，雏菊绣针法绣出藤叶。
- 取3股红色绣花线，法式结针法绣出藤条上的草莓。
- 取2股白色绣花线，回针法绣出气球上的星星，见图1。
- 取3股绣花线，交错使用蓝色、绿色、红色或其他颜色，法式结针法为每个气球绣出彩色的斑点，见图1。
- 取3股灰色绣花线，回针法绣出每个气球顶部的系绳，见图1。
- 取单股黑色绣花线，回针法绣出气球上的挂钩。

圣诞壁挂袋

Advent Pocket wallhanging

家中装饰上这款主题鲜明的圣诞壁挂袋，连小孩子都知道该过什么节日了！25个小收纳袋排列整齐，这款作品真是一个手作大工程，小袋子的制作需要三四天的时间，壁挂底布和边条则另需三天时间，整件作品可能耗时一周多。完工之后，无论装饰爱家还是馈赠亲友，都是令人惊艳的手作艺术品，值得永久珍藏。

所需材料

•米色法兰绒布（用作袋子和边条）：91.4cm × 111.8cm
•浅绿色布（用作边条）：30.5cm × 111.8cm
•红色布（用作边条和垂带）：30.5cm × 111.8cm
•底布：58.4cm × 61cm
•白色羊毛不织布：38.1cm × 38.1cm
•红、绿、黄、蓝、棕和玫红色羊毛不织布：25.4cm × 25.4cm
•冷冻纸：40.6cm × 40.6cm
•中厚黏合衬：91.4cm × 45.7cm
•薄铺棉：61cm × 58.4cm
•绣花线
•胶水或双面黏合纸：15.2cm × 15.2cm

成品尺寸：

63.5cm × 53.3cm

图样见114和117页

》制作说明

1 裁下25片12.7cm×8.9cm的米色法兰绒布，用于制作各个小袋子。每片布背面相对对折，折后袋身尺寸为6.4cm×8.9cm，折边作为袋子的顶边。剪下25片5.7cm×7.6cm的黏合衬，熨烫到米色法兰绒布的背面。有了黏合衬，贴缝到壁挂底布上时袋子看起来更加挺括。

2 参看117页的图样，将袋口的波浪边条描绘到冷冻纸上，用熨斗熨烫到白色羊毛不织布上，裁下25片白色波浪边条。再将圣诞主题的各个贴布造型描到冷冻纸上，熨烫到相应颜色的羊毛不织布上（具体颜色搭配可参看作品图示），裁出以下各片主题贴布：3个雪人，3个心形，3个星星，3个蜡烛，2个圣诞树，2个气球，2个驯鹿，2个拐杖糖，2个天使，2只袜子和1个圣诞老人头像。

3 参看图样，描出波浪边条和贴布造型上的装饰线，便于刺绣（手法娴熟的话，可直接刺绣）。参看100页的刺绣说明，绣出各个细节。将波浪边条和装饰好的主题贴布用胶水粘到各块米色袋布上。注意，波浪边条的顶边和袋子顶边的折线对齐。贴布距离袋子的底边至少0.6cm（缝合袋底时，底边需要下折0.6cm），且应居中摆放在袋子上。

4 取与各片贴布颜色一致的单股绣花线，锁缝固定袋子上的贴布边。锁缝时，针线仅仅穿透贴布和袋子的上层，注意不要缝住下折的那层布，好遮盖布料背面的线迹和线头。

5 裁下25片8.9cm×8.9cm的米色法兰绒布，作为袋子的底布。米色袋布依旧从顶边处下折，将袋布和底布叠放在一起，对齐两布的底边和左右侧边，取珠针固定或疏缝。这样，袋子的后片比前片高出约2.5cm，便于在这一区域添加刺绣图案。

6 裁下20片8.9cm×2.5cm的浅绿色布带，作为每两个袋子之间的竖直边条。取5个袋子摆成一排，在前4个袋子的右边各摆放上1条布带，取针线将布带和袋子的各层缝合到一起。第5个袋子的右边暂时不加布带。然后，将第1、2、3、4袋子的右边分别和第2、3、4、5袋子的左边缝合到一起，将其余20个袋子和16片布带分成4组，同样方法缝合到一起，用熨斗熨平缝份，使其倒向绿色布这一侧。

7 裁下4条3.8cm×43.2cm的浅绿色布带，作为每排袋子间的水平边条。将5排袋子各边对齐平铺开，每两排袋子间放置1条浅绿色布带，顶排袋子的上方和底排袋子的下方不用放置布带。将布带和袋子缝合到一起，再用熨斗熨平缝份，使其倒向绿色布这一侧。缝合完毕后，纵横向绿色边条的相接处可能出现小的褶皱，没有关系，这些褶皱还能为作品增添一份自然随意的美感呢！

8 裁下2条49.5cm×2.5cm的浅绿色布带，缝合到整体袋子的左侧和右侧，分开缝份并熨平。再裁下2条47cm×2.5cm的浅绿色布带，缝合到顶边和底边上，分开缝

份并熨平。壁挂袋基本成型。

9 裁下2条52.1cm×2.5cm的米色布带，缝到壁挂袋的左右侧边上，分开缝份并熨平。再裁下2条49.5cm×2.5cm的米色布带，缝到顶边和底边上，分开缝份并熨平，为壁挂袋打造出米色边条。

10 裁下2条54.6cm×3.8cm的红色布带，缝到米色边条的左右侧边上，分开缝份并熨平。再裁下2条54.6cm×3.8cm的红色布带，缝到顶边和底边上，分开缝份并熨平，为壁挂袋打造出红色边条。

11 取水消笔，在每个袋子顶部的米色布和整体壁挂袋的米色边条上描出装饰线条，便于刺绣（具体位置参看图样）。

12 铺棉摆放到壁挂袋的背面，用珠针固定后疏缝，或用胶水固定。有了这层铺棉的垫衬，刺绣线会呈现出立体效果。参看右侧的刺绣说明，绣出各个细节。

13 用湿海绵压在笔迹上，消除描摹的线条。晾干。

14 裁下5片15.2cm×8.9cm的红色布，用于制作壁挂袋顶部的垂带。每块红色布正面向内对折，折线与15.2cm长边平行。缝合重叠的长边，翻到正面，熨平布边。该布平行于短边对折，将5条对折的垂带摆放到壁挂袋的顶边上，然后取珠针固定或疏缝。注意，将垂带的毛边隐藏到壁挂顶边的背面，且各条垂带的间距保持均匀。

15 底布和装饰好的壁挂袋正面相对叠压，留出一个返口，缝合各边，缝合顶边时针线应穿过各条垂带。裁剪布边，使缝线外仅露出0.6cm宽的毛边，布角处剪牙口，翻到正面，藏针法缝合返口。将壁挂袋悬挂到家中的合适位置，各个袋内放入圣诞饰品。

》刺绣

- 取2股绿色绣花线，回针法绣出藤叶。
- 取2股绿色绣花线，雏菊绣针法绣出叶片。
- 取3股红色绣花线，法式结针法绣出叶片旁的草莓。
- 雪人：取2股橙色绣花线，回针法绣出鼻子。取单股黑色绣花线，法式结针法绣出眼睛、嘴巴和衣服上的纽扣。取2股棕色绣花线，回针法绣出手臂。
  取2股蓝色绣花线，回针法绣出围巾。见图1。
- 心形：取3股玫红色绣花线，法式结针法沿着轮廓线绣出多个小圆点，见图2。
- 星星：取3股红色绣花线，法式结针法在星星的中心绣出草莓。取2股绿色绣花线，雏菊绣针法绣出草莓外的叶片。取3股黄色绣花线，法式结针法在星星的每个端点绣出小圆点，见图3。
- 圣诞树：取3股黄色绣花线，回针法绣出树上的装饰线。取3股黄色绣花线，法式结针法绣出树顶的圆点。取3股蓝色绣花线，法式结针法绣出树上的装饰球，见图4。
- 蜡烛：取3股红色绣花线，法式结针法绣出草莓。取2股绿色绣花线，雏菊绣针法绣出叶片。取2股橙色绣花线，回针法绣出火焰的中心。取单股黑色绣花线，回针法绣出蜡烛芯，见图5。
- 气球：取2股白色绣花线，回针法绣出星星。取3股黄色绣花线，法式结针法绣出各个小圆点。取3股灰色绣花线，回针法绣出气球顶部的系绳。取单股黑色绣花线，回针法绣出挂钩，见图6。
- 驯鹿：取2股棕色绣花线，回针法绣出鹿角和鹿腿。取2股棕色绣花线，雏菊绣针法绣出耳朵和尾巴。取2股棕色绣花线，法式结针法绣出鼻子。取2股红色绣花线，回针法绣出项圈。取2股黄色绣花线，法式结针法绣出项圈上的铃铛。取单股黑色绣花线，法式结针法绣出眼睛，见图7。

拐杖糖：取3股红色绣花线，回针法绣出拐杖糖上的条纹。在两根拐杖糖的相交处用胶水粘一个蝴蝶结，见图8。

- 天使：取3股黄色绣花线，回针法绣出天使头顶的光环。取3股黄色绣花线，法式结针法绣出衣服上的小圆点。取3股粉红色绣花线，回针法绣出天使的手臂和腿，见图9。
- 袜子：取3股红色绣花线，法式结针法绣出袜子上的斑点。
- 圣诞老人头像：取3股白色绣花线，雏菊绣针法绣出胡须。取单股黑色绣花线，法式结针法绣出眼睛。

1
2
4
3
5
6
8
9
7

技法介绍

General Instructions

本书的使用说明

1.缝合作品的布边时缝份为0.6cm。裁剪布料时，需相应预留出0.6cm的缝份。

2.本书中的贴布尺寸为完工后的尺寸。106到121页的贴布图样均不含下折的0.6cm缝份。制作时，如需下折贴布边要在裁剪时预留出缝份的尺寸。

3.图样中的粗线为贴布的缝合线，而细线为刺绣标示线。

描绘图样和图案

描图时，可将图样、图案居中放在有光的物体上，例如，平铺在灯箱上，或是贴在阳光照射下的玻璃上。先放置纸样，再铺上布料，借着光将图样描到布上。最好用胶带将纸样和布料粘到一起，这样描到一半要离开也没有关系，回来后可以接着描。

此外，手边有冷冻纸的话，可将图样描到冷冻纸上，再用熨斗熨烫到布料上，沿线裁下布料即可（具体操作方法可参看104页）。这种方法比较费时，但尺寸比较精确。冷冻纸还可以重复使用。

描图工具有很多种，选用自己顺手的就行。我喜欢用蓝色的水消笔。你也可以选用画粉或裁缝用铅笔。

用铺棉垫衬

制作这些作品时，我喜欢先在表布上描出图案作为刺绣的标示线。然后在布下垫上轻薄的铺棉，刺绣时，布面会有上下起伏，图案就会呈现出自由绗缝的温馨和亲切感。固定铺棉时，可选用珠针，或用针线疏缝，还可用喷胶黏合，根据你手边的工具选择合适方法。

有了铺棉的垫衬，布面更加挺括，绣出的图案不易扭曲变形，另外，还能隐藏住布料背面的线迹，最重要的是，刺绣的图案不会死板地平贴在布面上，更有栩栩如生的立体感。

绣花线

绣制书中各款作品的图案时，我选用了捻合棉线，这种线颜色多样，便于搭配。对于每件作品中的绣花图案，我都给出了详细的颜色搭配，当然，你也可以依据个人喜好灵活改变花色搭配。

绣花线一般为6股的合股线，刺绣时，可分成单股的线使用。为了便于大家操作，每款作品中所用的绣花线，我都标出了具体的数字（如1、2、3），代表绣花线的股数。

黏合纸

黏合纸，又名魔力粘、黏合网，可以非常快速、便捷地将贴布黏合到底布上。黏合纸有两层，表层像纸一样，可将图案描在上面（注意，所描图案和作品上展示出的图案是相反的），底层有薄薄的胶膜。裁下比图案略大的黏合纸后，胶膜向下摆放到贴布所用布料、不织布的背面，取熨斗热烫黏合。沿图案的轮廓线从布上裁下贴布造型，撕去贴布背面的纸层，放到底布上，再用熨斗热烫即可。

用黏合纸黏合羊毛不织布上裁剪下的贴布时，不需要锁缝贴布边，可直接在贴布上绣出装饰线条。

为被子、靠垫滚边

•修剪被子或靠垫的底布和铺棉，与上层表布的各边对齐。

•裁下宽6.5cm的滚边条。可依据被子、靠垫的大小，从布上斜裁下多条布带，拼缝成一段长度足以包裹住四边的滚边条。滚边条在各个布角需要折叠，最好裁剪得稍长一些。

•滚边条背面向上水平放置，左端沿45度角向上斜折，再沿横向的中心线向上对折，取熨斗熨平折线，见图A。

•将滚边条放在被子的正面，与上侧被边对齐，与左侧被角相距3~7cm，取珠针沿被边固定。缝份为0.6cm，将滚边条缝合到被边上，最左端的约3cm暂不固定和缝合，一直缝到距离另一被角约0.6cm处，见图B。

•将滚边条沿着45度角向上斜折，使其外侧布边与被子的右边对齐，见图C。

•以被子的上侧布边为界，往回折滚边条，与被子的右边对齐，见图D。沿右侧被边缝合滚边条，一直缝到距离对侧被角约0.6cm处，再依照以上步骤，将滚边条斜折后向左折，缝合。当滚边条的末端上折到起点时，将末端插入短尾内，缝合固定。

•滚边条折向被子的背面，整理四个被角处的滚边条，呈现出图E所示的斜边，缝合固定。

A

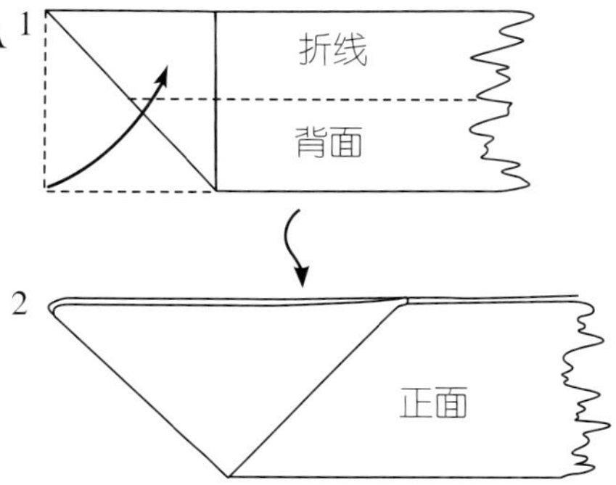

B

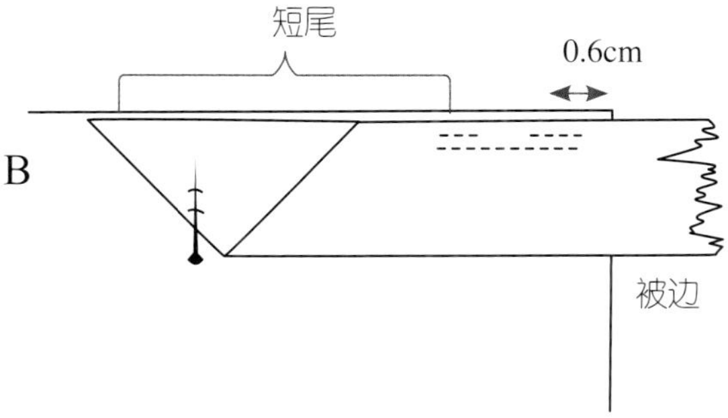

C

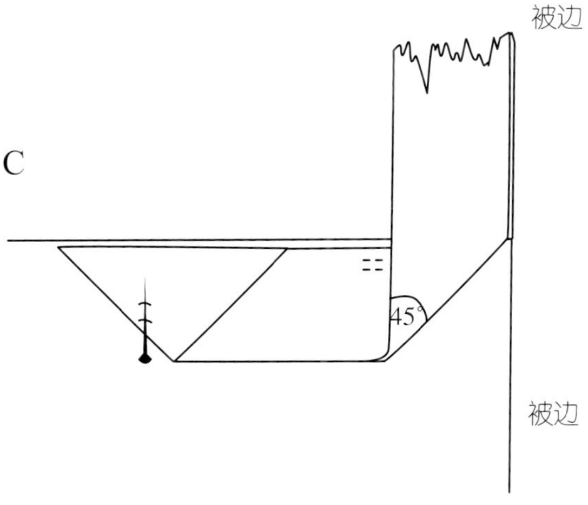

D

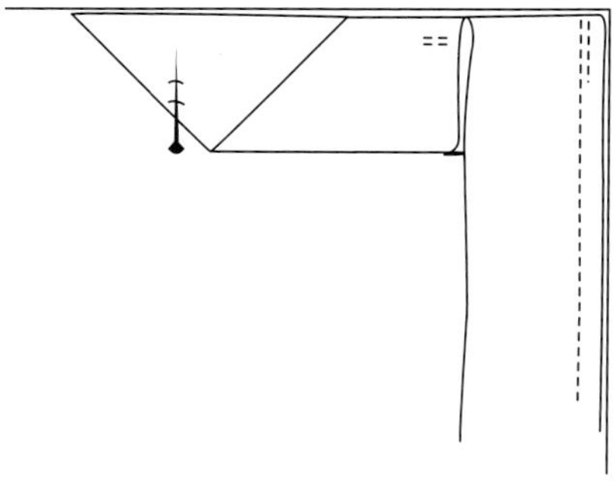

E

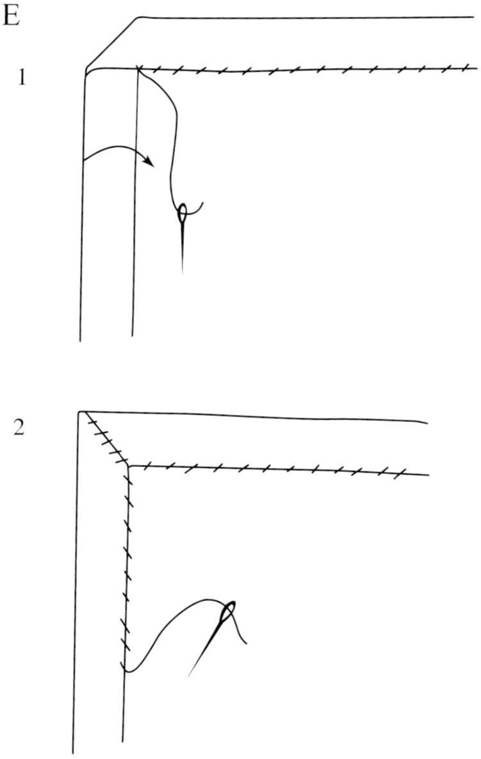

羊毛不织布

使用羊毛不织布前应先用清水洗涤。羊毛布放入家中的水池中，用温水多次冲洗，直到不掉色为止。拧干布上的水，悬挂起来晾干，再熨烫平整。这样，制成的成品水洗时就不会褪色，也不易缩水变形。建议大家一买到布料就马上水洗并熨烫，养成一种好习惯。存放时，布料可按颜色分类摆放，以备随时取用。

从羊毛不织布上裁剪贴布时，可使用冷冻纸。先将贴布图案描到冷冻纸粗糙的纸面上（用羊毛不织布裁剪贴布时，无需预留下折的缝份）。冷冻纸光面向下放置在不织布的背面，取熨斗（不用蒸汽）热烫，使其暂时黏合。依照图案的轮廓线裁下不织布，再撕去布料背面的冷冻纸。裁剪多片造型相同的贴布时，可反复使用同一张冷冻纸。

对于取自羊毛不织布的贴布，粘到作品上时只需少量的胶水。由于操作简单，我特别喜欢用冷冻纸来黏合贴布。有了冷冻纸，黏合贴布时无需用珠针固定，更不用针线疏缝，没有尝试过的话，那就试试吧，保证你一定喜欢。用胶水黏合之后，我常用熨斗轻轻地熨烫贴布，一来黏合更加牢固，二来能保证贴布表面更加平整。接下来可选用与贴布颜色相配的单股绣花线，沿着布边将贴布锁缝到底布上，布边呈现出漂亮整齐的线迹。

在羊毛不织布上描绘刺绣的线条时，我喜欢用蓝色的水消笔。刺绣完成后，可用湿海绵压在笔迹上，轻轻地吸去墨迹。当然，也可用画粉描图，再用刷子抹去就行。在羊毛不织布上刺绣有一定的难度，多加练习后，就能随心所欲绣出各种装饰图案。手法娴熟之后，可尝试用法式结针法绣出花心，用雏菊绣针法绣出花瓣和叶片。

》针法

锁缝

这种针法常用来将贴布边固定到底布上。缝合时，从垂直贴布边0.3cm处出针，横跨贴布和底布的接缝线，从底布上入针，针脚约为0.3cm。在底布的背面斜向行针，在距离第一个出针点约0.3cm的贴布处出针，再缝一个横跨接缝线的0.3cm针脚。依此类推，在贴布边上锁缝出整齐的线迹。

明缝

机缝常用此针法，线迹在布料表面清晰可见。将缝纫机调整为直行针法，针脚多为0.3~0.6cm，针穿过贴布和底布，就可牢固缝合。

缎面绣

操作时，从图案的顶端出针。针线水平横穿整个图案，在对侧的末端出针。倒回针线，从第一针的旁边入针，然后再回到第二针的位置出针，依此类推，一来一回入针，直到绣花线填满整个图案为止。注意保持针迹平坦紧密，使边缘整齐。

雏菊绣

该针法可绣出椭圆的叶片或花瓣，又名花瓣绣。操作时，从尖尖的底部出针（设想有一滴眼泪，底部有点尖，椭圆的泪珠就是线圈）。再从出针点入针，线不用全部穿过布料，在布上挽成一个线圈。紧贴着线圈顶部的内侧出针，拉紧线，使线圈大小如同一滴泪珠。针线垂直压过线圈的顶部，紧贴其外侧入针，拉紧线固定线圈，即可呈现出一片花瓣形状。

法式结

从布料的正面出针，拉紧线。线尾在针上绕1~3圈，圈数越多，绳结越大（1圈为小结，2圈为中结，3圈为大结）。针尖从线尾下穿过，然后从第一次出针旁入针，或从第一次出针孔直接入针，针线通过针孔时，用手压住线圈以防脱落。在布料背面缓缓拉紧线头，直至穿过所有线圈，布面就形成了一个法式结，多用来绣眼睛、小圆点等图案。

平针法

这是最基本的针法。从布料正面出针，间隔一定的长度入针，形成一个小针脚(通常为0.3cm)。再从布料正面出针，出针点与上一针孔间留出一段距离，依此类推，一出一入，注意保持针脚均匀整齐。

藏针法

该针法常用来缝合返口。在A布的布边上入针出针，针脚约为0.15cm，再从B布上入针出针，针脚约为0.15cm，拉紧缝线，两条布边就会紧贴在一起，再回到A布上，依次循环就可缝合返口，布边上很难看到针迹。

回针法

从布料的正面出针。距针孔约0.3cm向后回一针缝合，从第一个针孔前方0.3cm处出针，回到第一个针孔处再次入针，布上的线迹形成连续的直线。接着从最后一个针孔前方0.3cm处出针，依此类推，后一针向下，再向前两针向上。回针的线迹比较牢固，耐洗。

作品图样

Templates

》小贴士

注意，图样为实际尺寸的50%，制作各款作品时，可扩大200%使用。

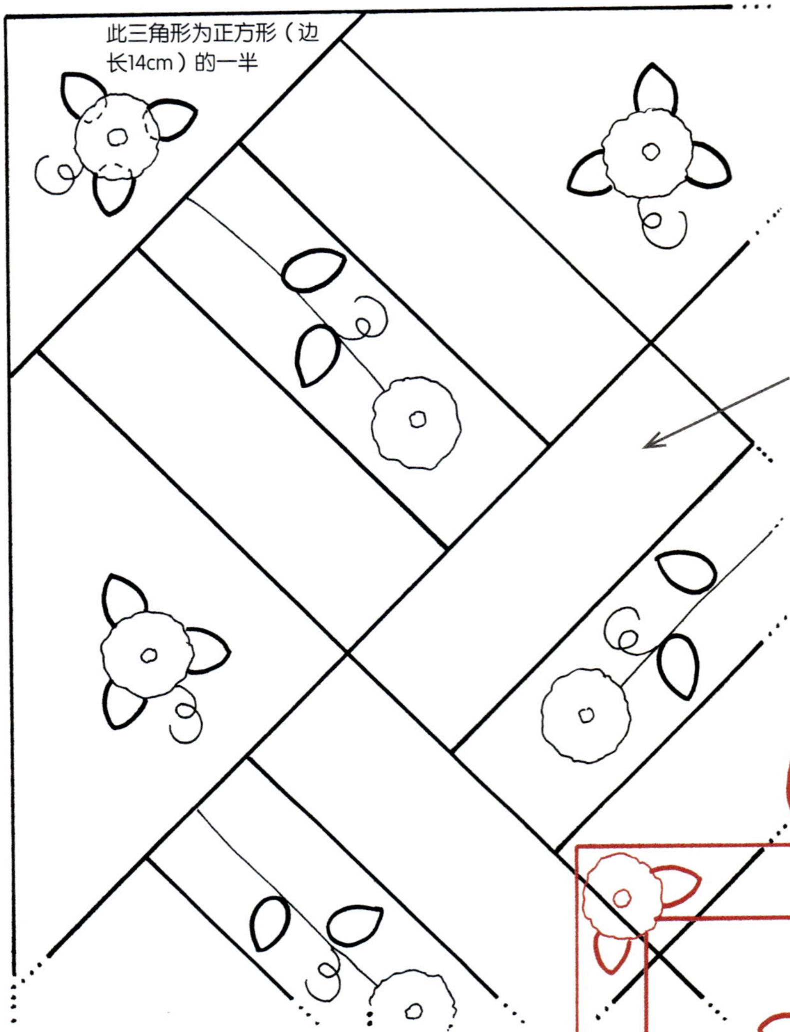

玫瑰园拼布被
p24~27

玫瑰花环靠垫
p22~23

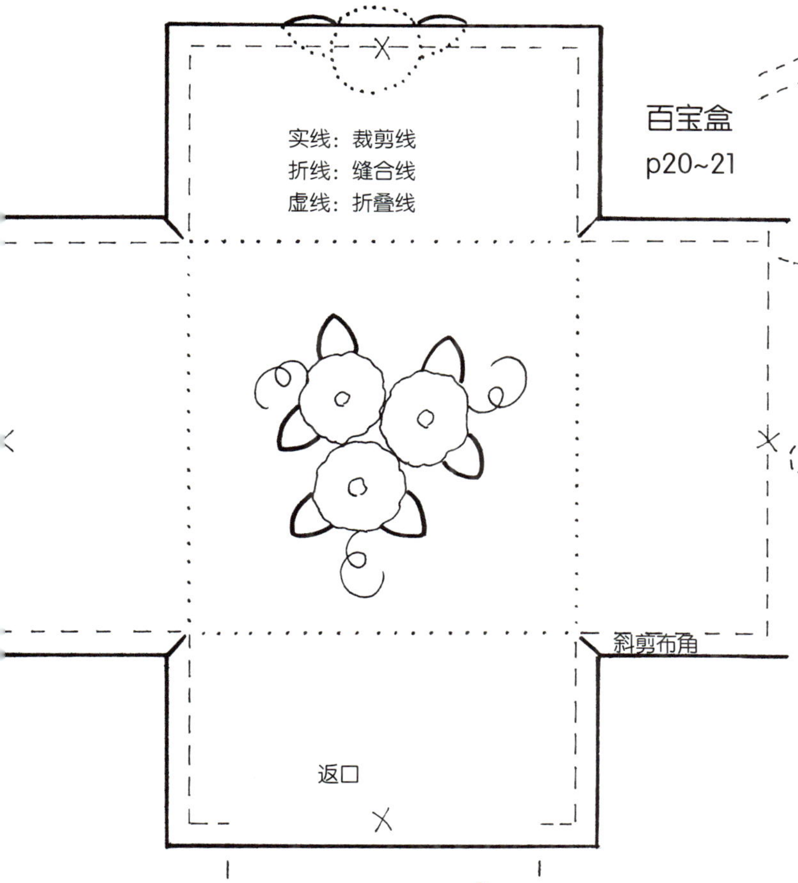

百宝盒
p20~21

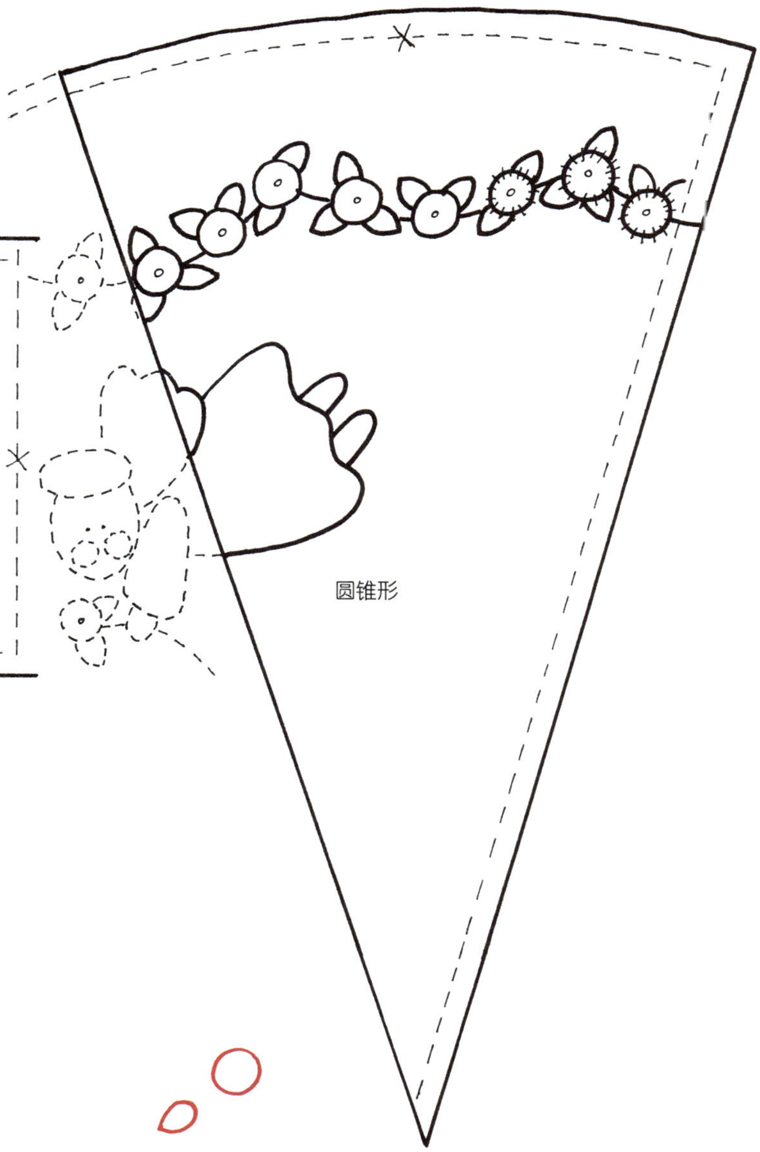

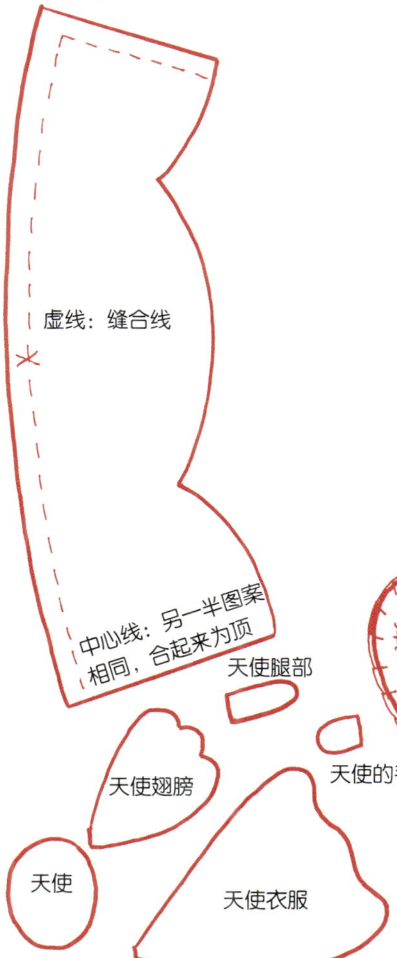

天使祝福袋 p56~59

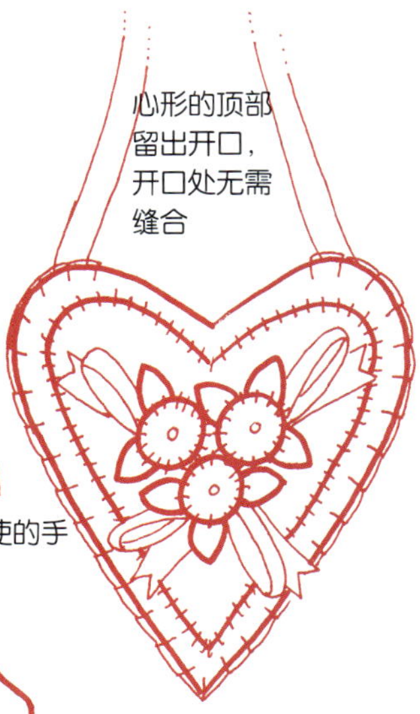

爱心袋 p54~55

迎客花环 p14~17

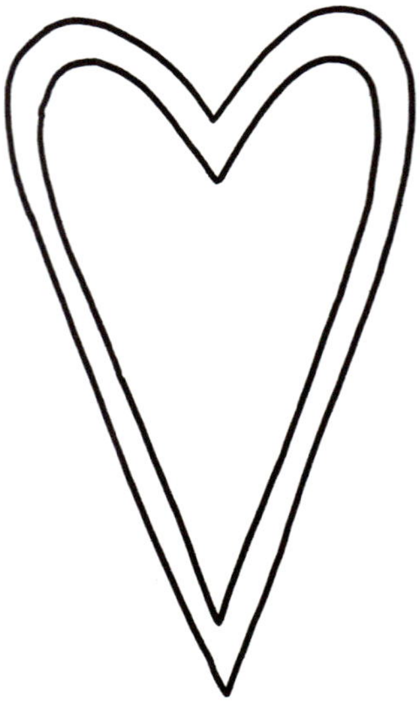

布艺壁挂 p60~63

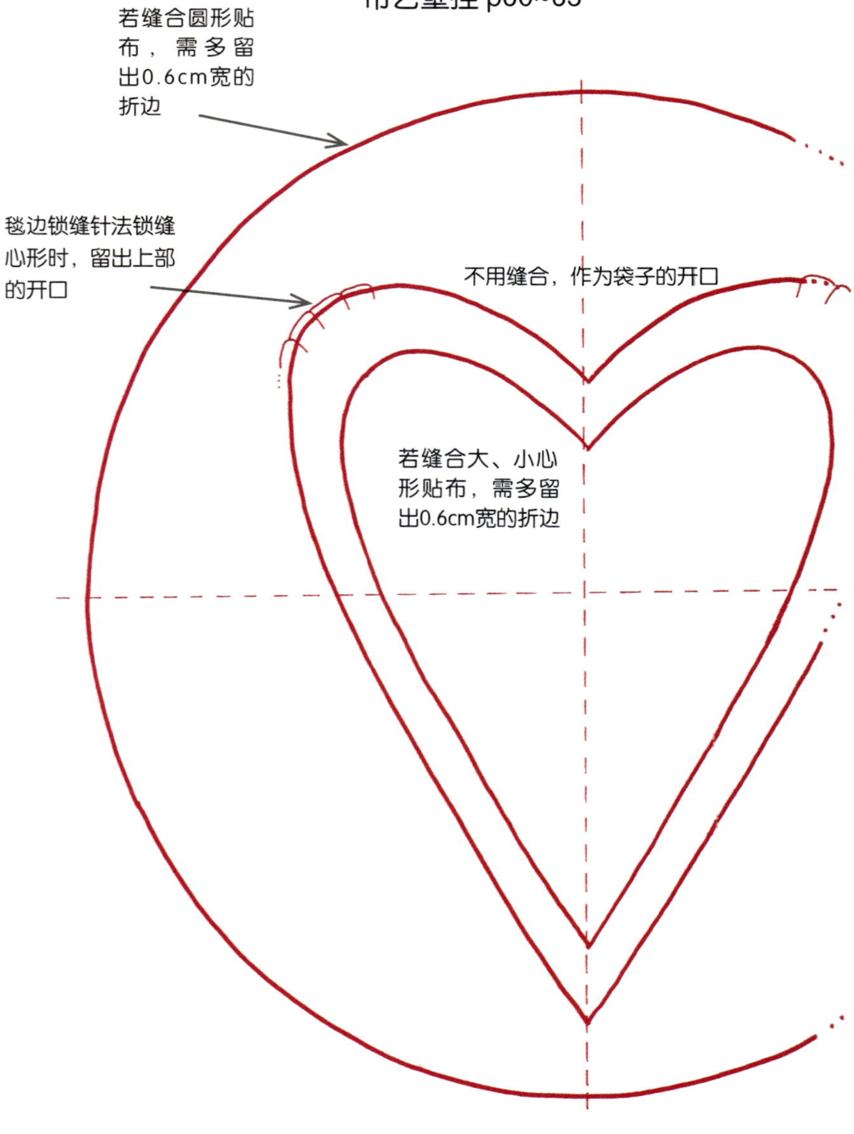

迎客花环 p14~17

乔迁喜被 p72~75

友谊被 p84~87

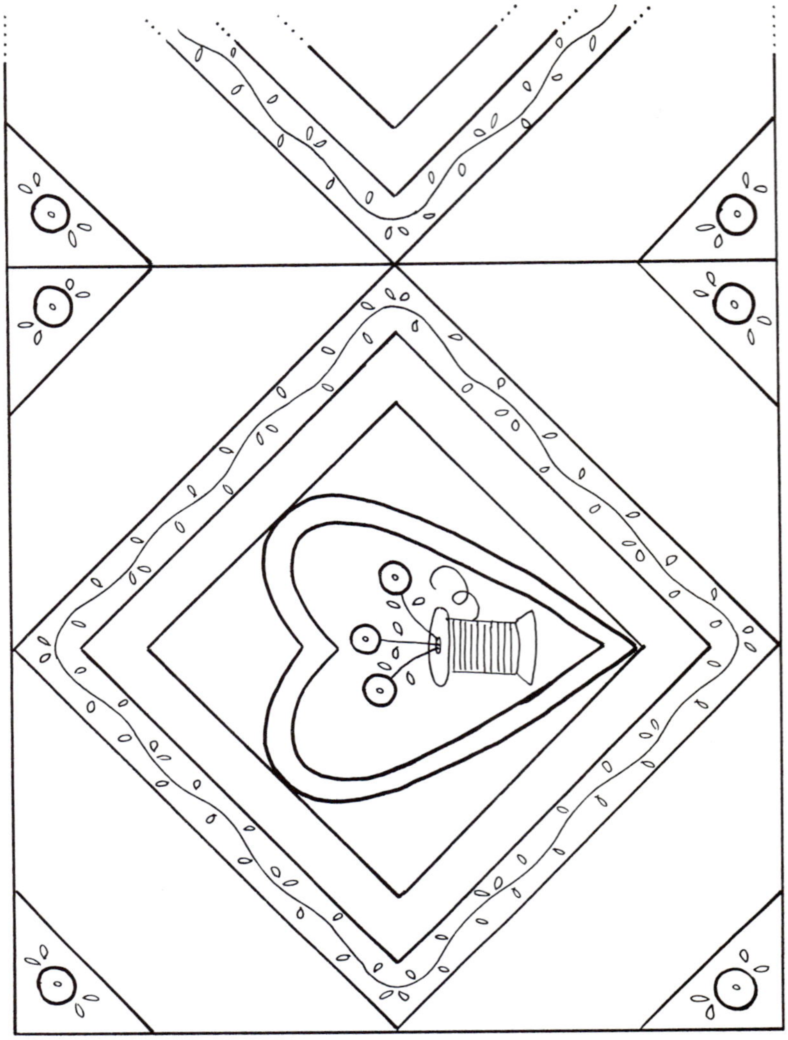

友谊被 p84~87

南瓜针插 p78~79

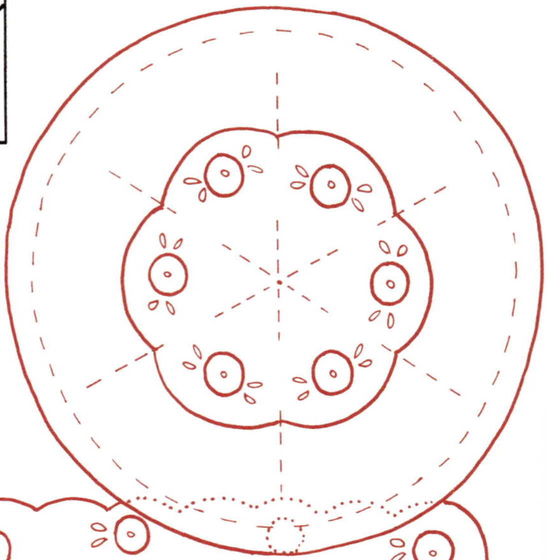

折叠式针线袋p80~83

封面图案

折叠式针线袋 p80~83

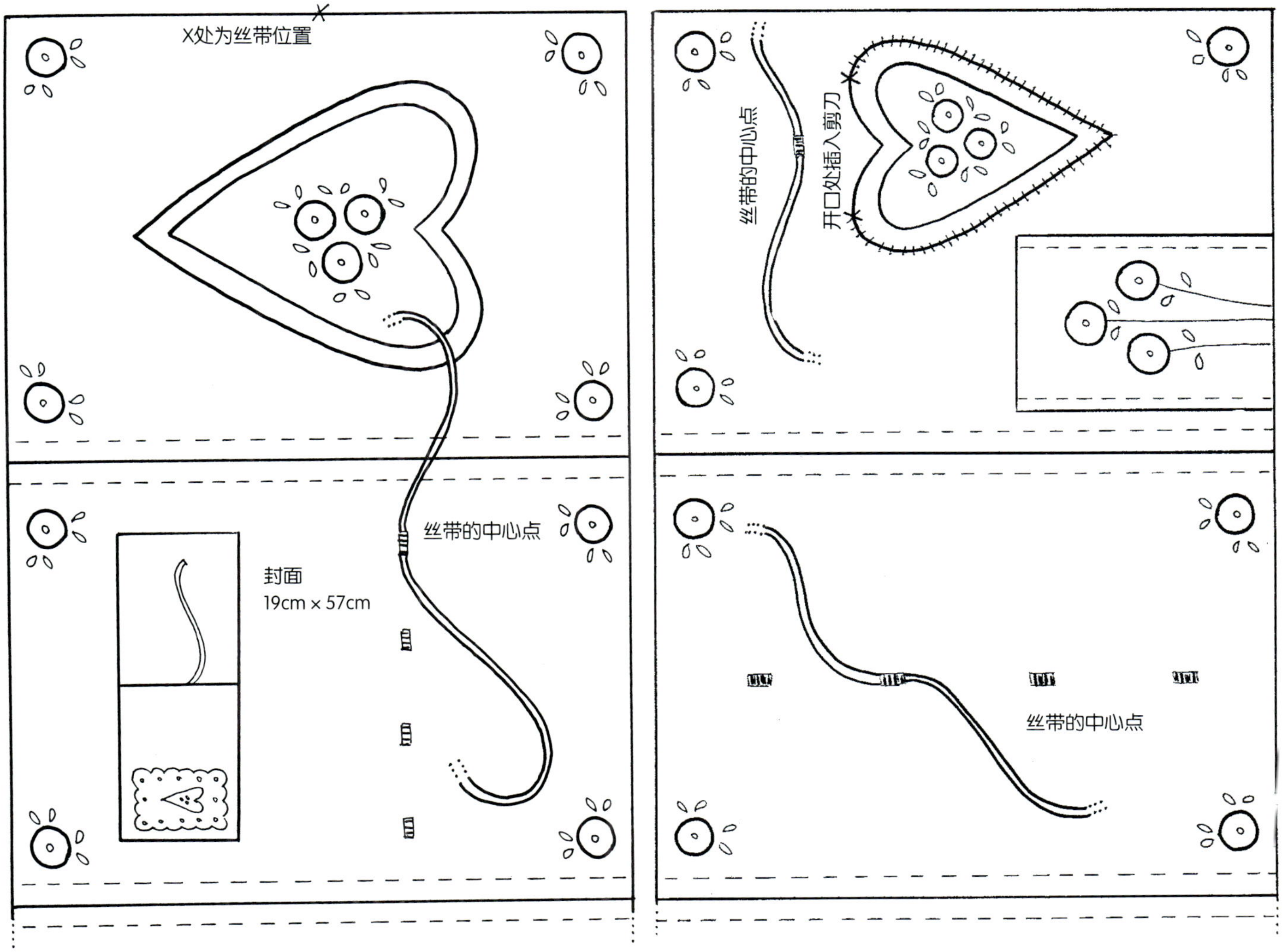

爱心藤相框 p32~35

相思鸟桌巾 p36~39

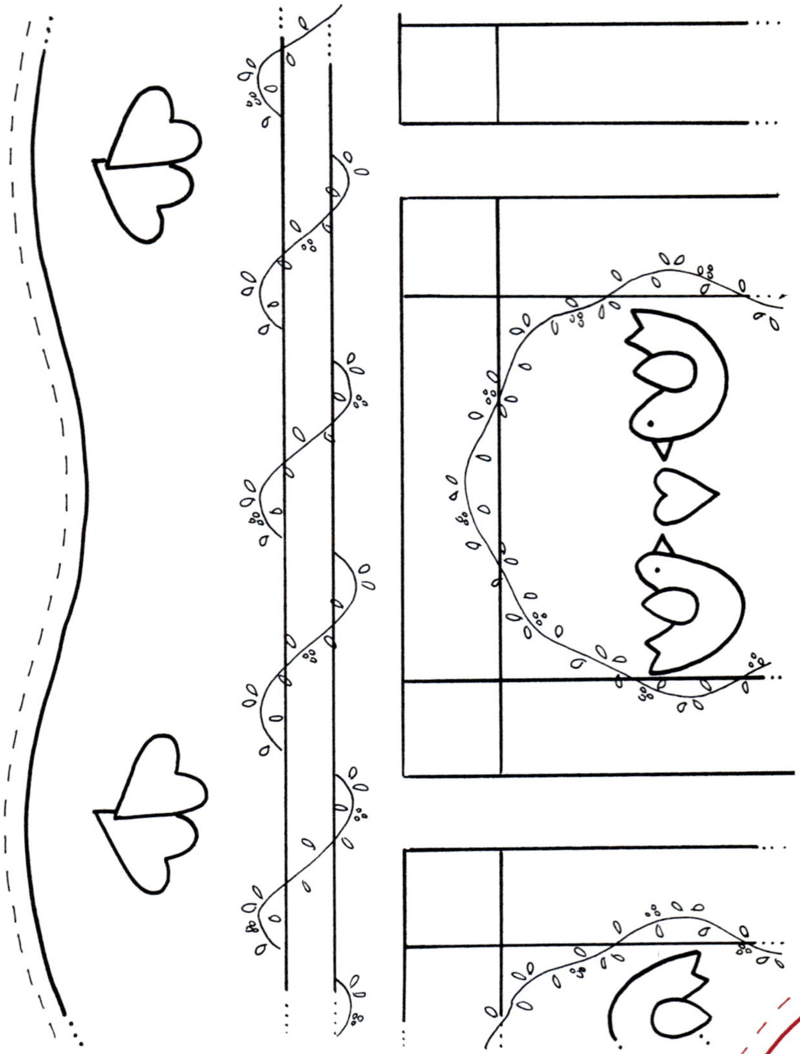

边缘
藤条环绕一圈

角落
藤条环绕一圈

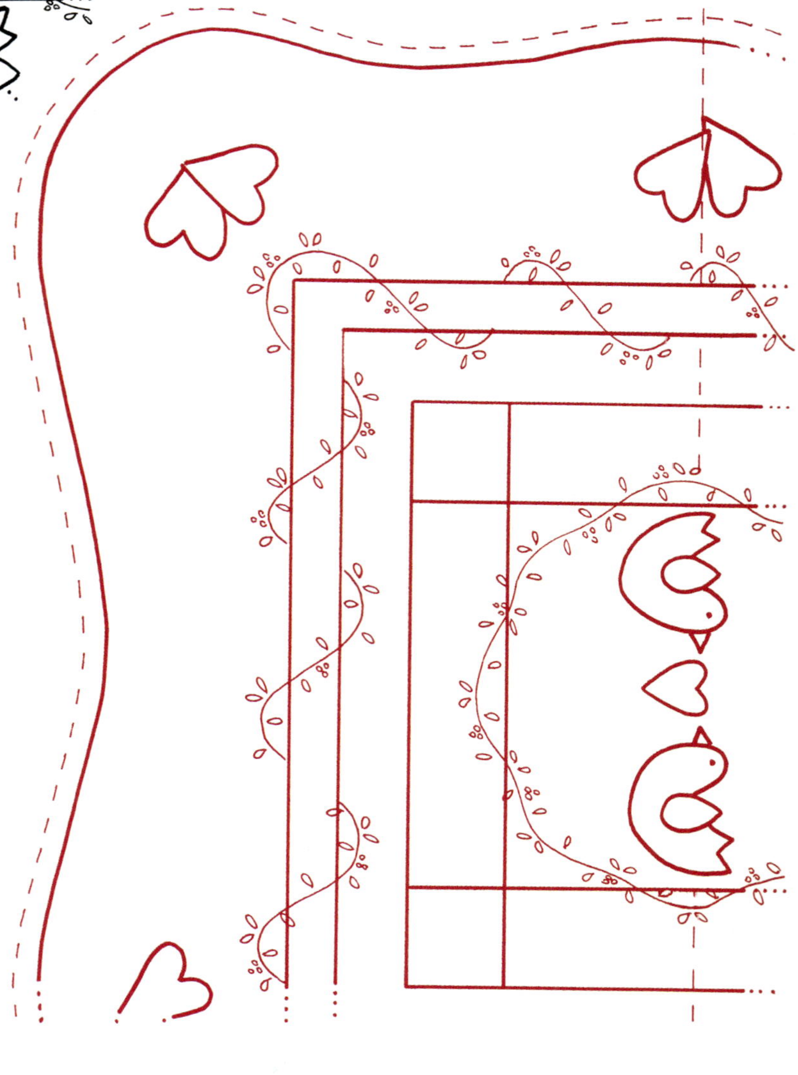

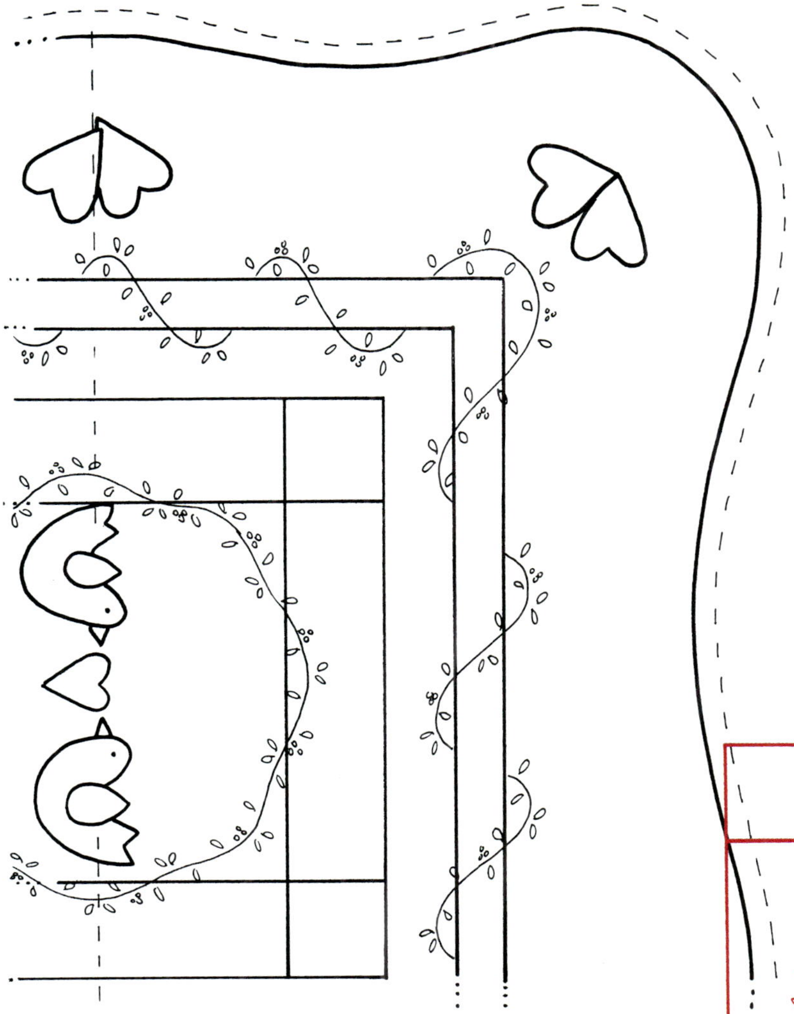

中心线：与上页的另一
侧相接

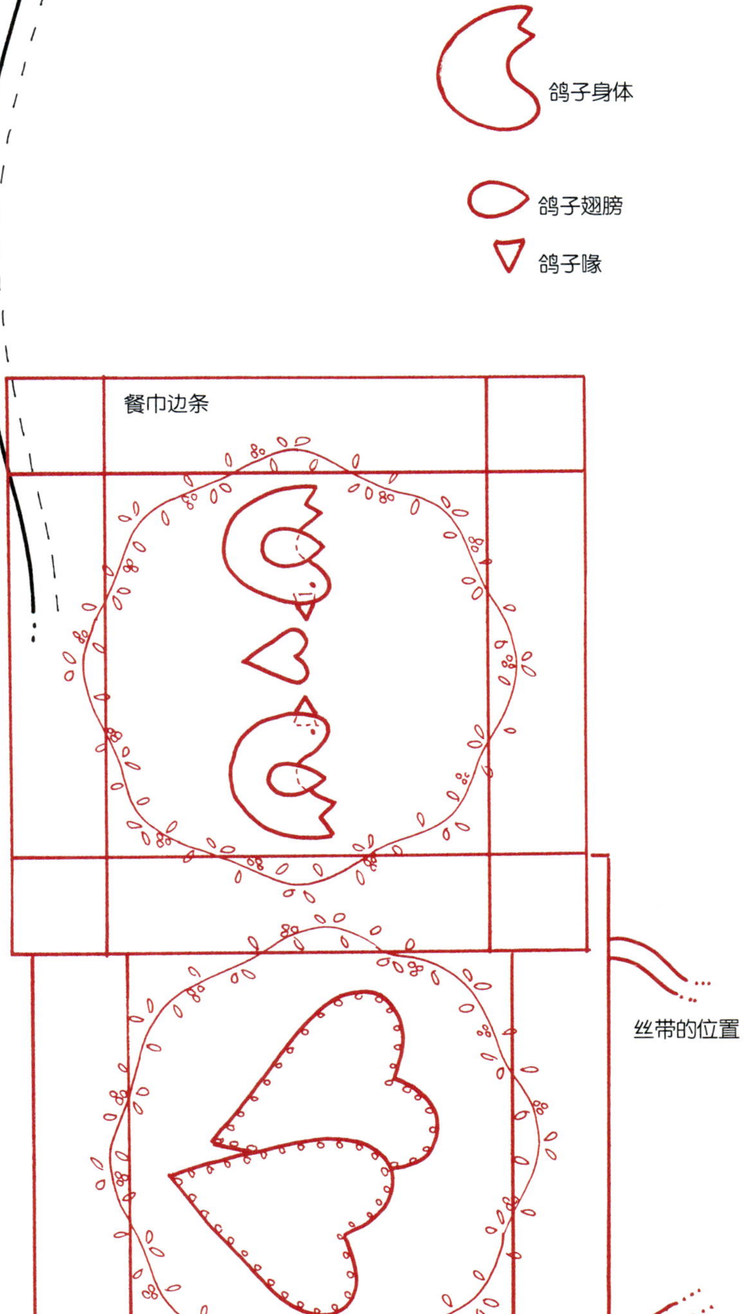

心心相印靠垫

p30~31

圣诞树挂饰 p90~91
圣诞壁挂袋 p96~101

礼物签 p8~9

纸杯蛋糕垫 p9

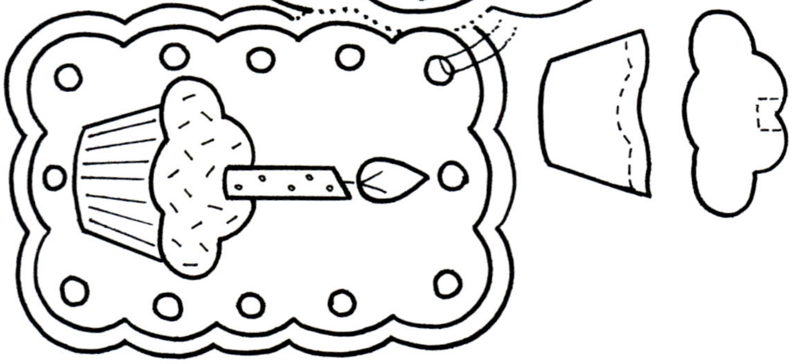

红心小屋迎客门卡 p66~67
爱满小屋靠垫 p68~71

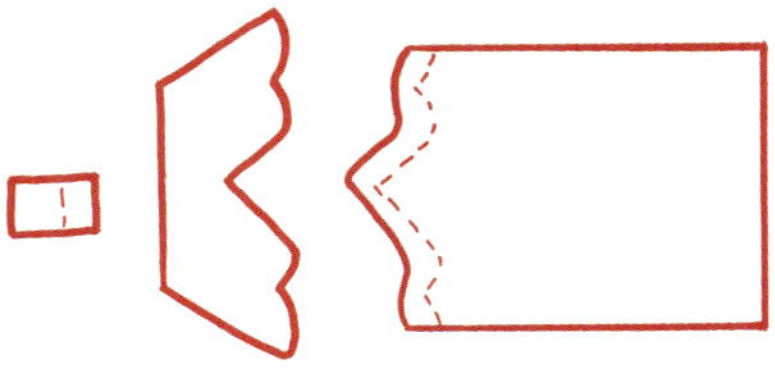

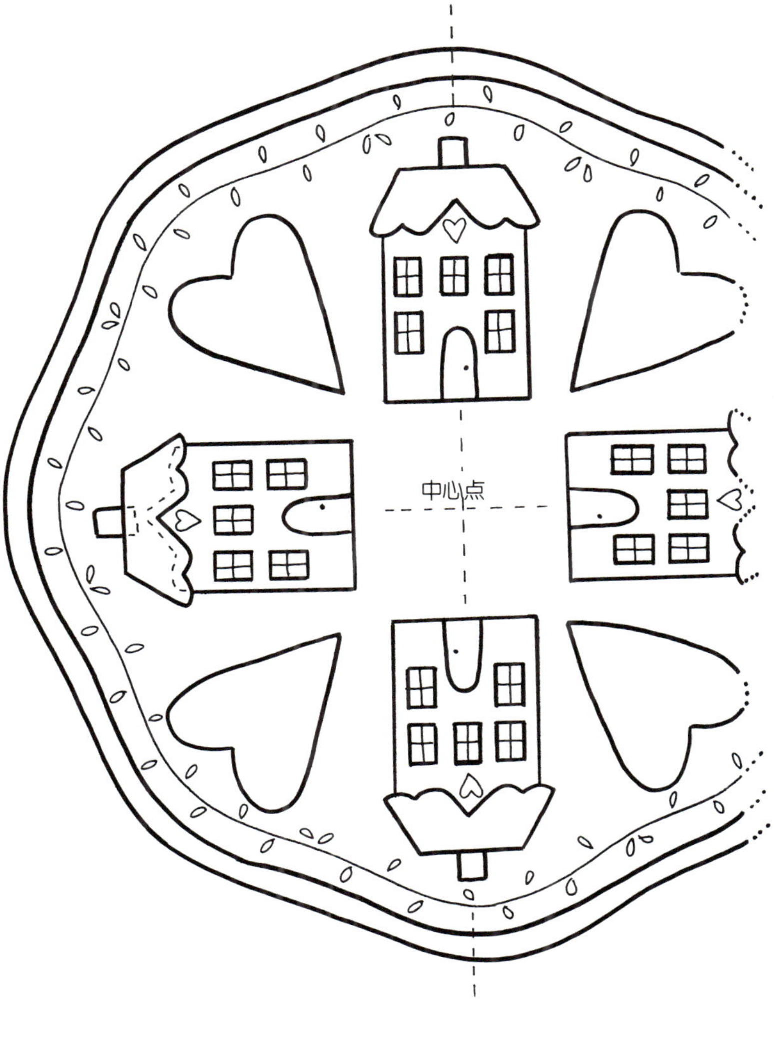

红心小屋蜡烛垫 p67

可悬挂装饰靠垫 p71

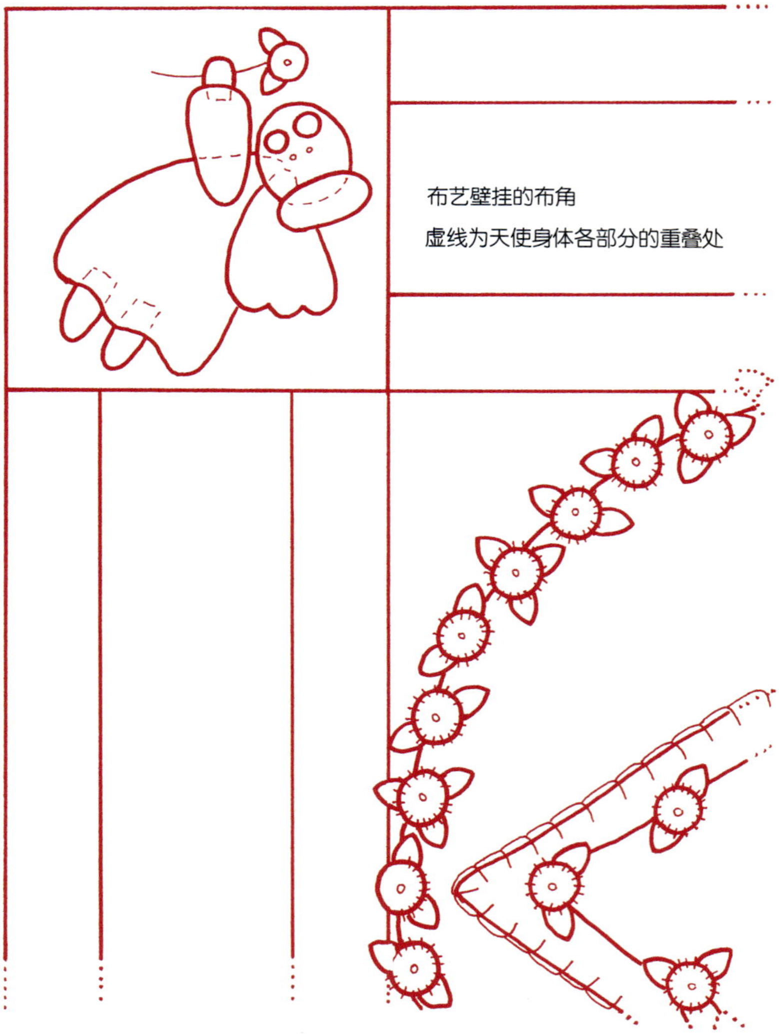

布艺壁挂 p60~63

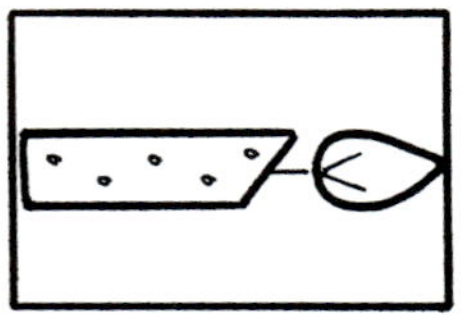

蜡烛贴布以外依次为拼布边条和外层边条（法式结针法绣出小圆点）

生日礼物袋 p10~13

圣诞礼物袋 p92~95

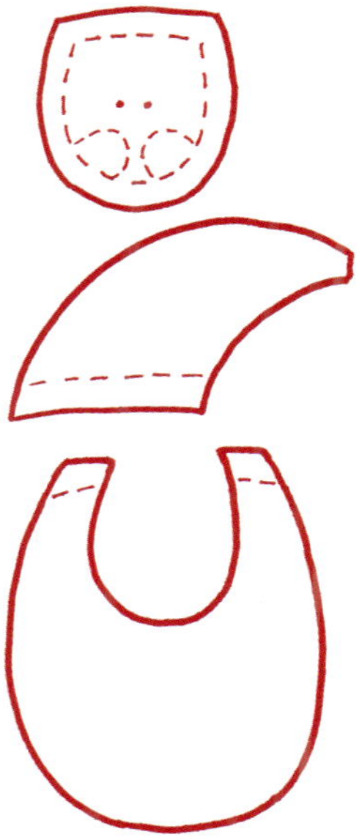

圣诞壁挂袋 p96~101

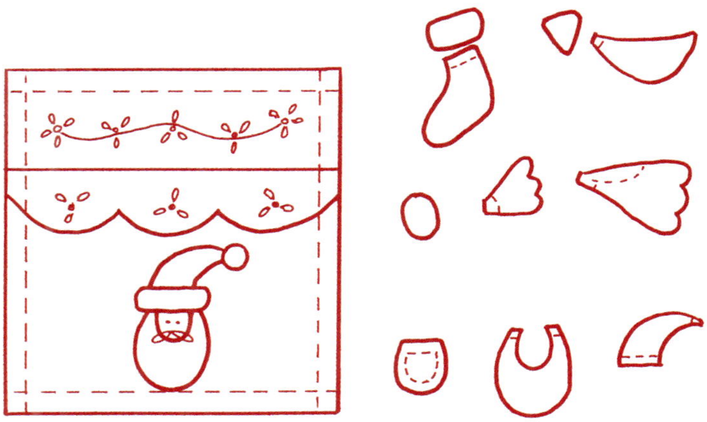

多功能挂袋 p46~51

E袋

沿实线裁剪蓝色底布时，应多留出0.6cm的折边

童趣婴儿毯 p42~43

圆形布角的图样

守护神靠垫 p44~45

多功能挂袋 p46~51

F袋（左侧）

多功能挂袋的平面图

F袋（右侧）
左侧、右侧合到一起即为完整的F袋

D袋

泰迪熊图样（也可用于制作P42~43页的童趣婴儿毯）

C袋

童趣婴儿毯 p42~43

多功能挂袋 p46~51

藤叶环绕外侧边条一周

乔迁喜被 p72~75

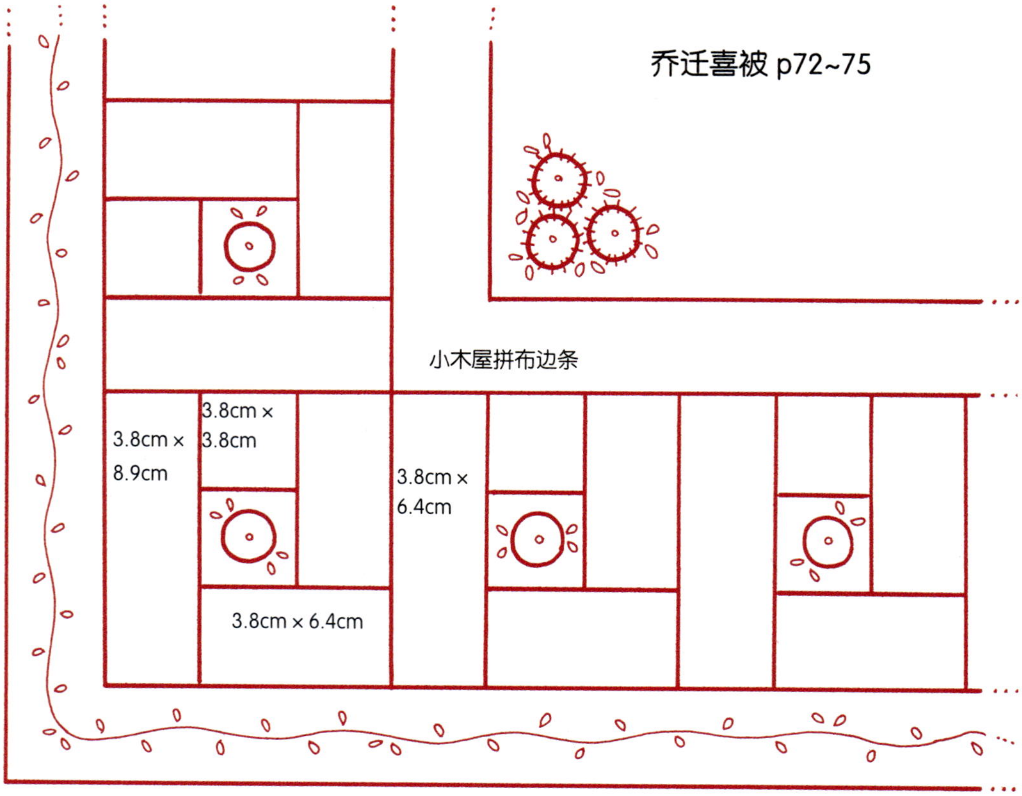